# 森林资源保护与管理研究

钟云华 李 伟 徐 波 ◎著

山西出版传媒集团 山西人民出版社

图书在版编目（CIP）数据

森林资源保护与管理研究 / 钟云华，李伟，徐波著
. -- 太原 : 山西人民出版社，2023.12
ISBN 978-7-203-12792-5

Ⅰ. ①森… Ⅱ. ①钟… ②李… ③徐… Ⅲ. ①森林保
护-研究②森林资源管理-研究 Ⅳ. ①S76②S78

中国国家版本馆CIP数据核字(2023)第059077号

**森林资源保护与管理研究**

著　　者：钟云华　　李　伟　　徐　波
责任编辑：贾　娟
复　　审：李　鑫
终　　审：梁晋华
装帧设计：博健文化

出 版 者：山西出版传媒集团·山西人民出版社
地　　址：太原市建设南路 21 号
邮　　编：030012
发行营销：0351 - 4922220　4955996　4956039　4922127（传真）
天猫官网：https://sxrmcbs.tmall.com　电话：0351 - 4922159
E - mail : sxskcb@163.com　发行部
　　　　　　sxskcb@126.com　总编室
网　　址：www.sxskcb.com

经 销 者：山西出版传媒集团·山西人民出版社
承 印 厂：廊坊市源鹏印务有限公司

开　　本：787mm×1092mm　　1/16
印　　张：11.25
字　　数：240 千字
版　　次：2024 年 6 月　第 1 版
印　　次：2024 年 6 月　第 1 次印刷
书　　号：ISBN 978-7-203-12792-5
定　　价：88.00 元

如有印装质量问题请与本社联系调换

# PREFACE

前　言

　　我国幅员辽阔，地形复杂多样，高纬差的南北疆域跨度以及西高东低的地势走向，孕育了生物种类繁多、植被类型多样的森林资源。近年来，随着生态文明建设的长足发展，我国的森林面积逐渐呈现双增长态势，但我国依然是一个缺绿少林的国家，森林资源总量相对不足、质量不高、分布不合理、森林生态系统脆弱的状况未得到根本改变。因此，加强对森林资源的管理与监督，建立科学有效的管理体系，成为我国林业工作者更高的追求目标。森林资源管理贯穿于森林的培育、保护、利用的全过程和各个环节，是林业工作的重要组成部分，也是各级林业主管部门行使政府权力管理职能的重要体现，在林业发展全局中具有不可替代的作用。近年来，我国经济得到飞速发展，人们生活水平不断提升，对生活质量的要求也越来越高，伴随而来的是对森林资源的需求量日益增大，给我国生态环境产生了巨大压力。如果不寻求可持续发展道路，那么我国的森林资源保护管理工作必将遭受前所未有的挑战，直接影响人们的生存与发展。为了国家长期稳定的发展，为了给人们创造一个良好的生存环境，我国提出了可持续发展理念。森林资源的保护和管理工作对生态系统的稳定具有重要意义。采取科学的方法对森林资源进行保护和管理，不仅可以维持生态平衡、改善居住环境，还有利于实现经济效益和社会效益。对森林资源进行保护和管理是实现生态平衡的重要组成部分，只有做好森林资源的保护工作，才能实现自然资源的可持续发展。在生态环境日趋恶化的今天，保护环境势在必行。利用科学手段对森林资源进行管理和保护，实现我国森林资源的可持续发展，是我国林业相关部门开展工作的重中之重。只有把环境保护作为工作重点，才能保障人们的核心利益。

　　森林资源的保护和管理与人们息息相关，保护我国的森林资源就是保护人类生存的家园，是"功在千秋，利在当代"的事业。国家有关部门要加强对森林资源的管理和保护，采取切实可行的措施完善森林管护工作，保障森林资源实现自身的生态价值。建设和管理森林资源关系每个公民的生存发展，因此需要全社会共同参与，促进自然资源的可持续发展。

本书从森林资源宏观综述、森林资源保护的价值原理、森林采伐利用管理、林地林权管理、森林生态与可持续经营、森林植被恢复与生物多样性保护等内容展开阐述，力求简单明了，注重实用，以期解决森林资源保护与管理中存在的各类问题，为扩大森林资源、充分发挥森林资源的多功能用途和多效益目标，贡献力量。

在本书的撰写过程中，参阅、借鉴和引用了国内外许多同行的观点和成果。各位同人的研究奠定了本书的学术基础，对森林资源保护与管理研究的展开提供了理论基础，在此一并感谢。另外，受水平和时间所限，书中难免有疏漏和不当之处，敬请读者批评指正。

# CONTENTS 目 录

# 第一章　森林资源宏观综述

## 第一节　森林资源管理的内容与要求

### 一、森林资源管理的概念

管理是实现稀缺资源配置的决策活动，是为了达到预期目标，有效地利用各种资源所进行的组织、计划、协调、监督以及所建立的工作秩序和制度的总称。

森林资源管理是对森林资源保护、培育、更新和利用等任务所进行的调查、组织、规划、控制、调节、检查及监督等方面做出的具有决策性和有组织的活动。森林资源管理的对象主要是林地、林木、野生动植物及森林环境。由于人们认识上的差异，对森林资源管理内容的认识往往存在狭义与广义之分。狭义的森林资源管理主要是指对林木资源和林地资源的管理。广义的森林资源管理，从管理对象看，不仅包括林木资源和林地资源，还包括森林动植物资源、旅游资源等；从管理的业务范围看，不仅包括森林资源数据和调查设计规划的管理，还包括对森林资源经营利用等活动进行决策、组织、调节和监督。

森林资源管理从层次上分为宏观管理层次和微观管理层次。层次不同，其性质也存在较大差异。宏观层次的森林资源管理由法律规定的林业管理部门实施，具有国家意志的属性，属于行政执法性质，具有强制性特征；而微观层次的森林资源管理则由生产经营者实施，不具有宏观层次管理的属性、性质及特征。宏观层次的管理是以微观层次管理为基础和前提的，离开微观层次的管理，宏观层次的管理则成为空中楼阁。

### 二、森林资源管理的内容

森林资源管理的内容主要包括：第一，森林资源调查、规划、设计管理，森林资源档案、资源统计管理，森林经营方案编制与审定管理，经营利用作业设计管理，森林资源建设、队伍建设及技术等的管理；第二，林地、林权管理，森林采伐限额管理，采伐消耗管理，伐区管理，木材流通管理，造林更新检查验收管理，造林成效评估、成林验收及野生动植物管理等；第三，调查规划设计成果监督实施，森林资源目标责任制考核实施，资源审计管理，资源监督机构及监督工作管理，资源税费收缴及违法处罚管理等。

森林资源管理的内容包括基本内容与具体内容。

## （一）基本内容

包括基础管理、利用管理、监督管理。

基础管理是森林资源管理的基础，其中心任务是摸清森林资源家底，确定林地、林木所有者和使用者的产权，制订合理的经营方案，为资源管理各项工作提供基础资料、科学依据和管理条件。它包括林地、林木权属，林地地籍档案和林权证制度的建立，森林调查规划设计及经营方案管理，森林资源档案管理，森林资源管理法治建设，森林资源管理队伍建设等。

利用管理是整个森林资源管理的核心，其根本任务是组织森林资源的合理利用，促进森林资源的扩大再生产，实现森林资源消长的宏观控制。它包括林地管理、森林动植物资源管理、采伐限额管理、伐区管理、更新检查验收管理和造林成效评估等。

监督管理是实现森林资源管理的手段，是为贯彻、执行《森林法》有关规定所采取的法律的、行政的、经济的、技术的手段和措施。它包括资源审计管理、目标考核实施、下设监督机构及人员管理、调查规划设计成果监督实施、违法处罚等。

## （二）具体内容

根据《森林法》的要求，从全方位加强森林资源管理，结合国家林业主管部门近年来陆续出台的管理项目要求，森林资源管理大致有 6 个方面 17 项工作。

建立"两个"体系。资源管理体系和资源监测体系。

稳定"四项"管理。采伐限额管理、木材流通管理、林地林权管理、野生动植物和湿地保护管理。

做好"三个"核查。人工造林更新实绩核查、林地增减动态核查和森林资源消耗量核查。

加强"两项"工作。森林分类经营落实和生态公益林建设监管。

抓好"三案"建设。林地、林木权属与地籍档案、森林经营方案和森林资源档案。

注重"三防"管理。防火、防病虫害和防盗伐滥伐。

通过上述工作内容的落实，使森林资源管理工作逐步走上规范化、制度化和科学化的轨道。

基础管理是为掌握森林资源家底、明确林地林木产权、完善管理和监测体系、编制合理的经营利用方案，为各项管理工作提供基础资料和科学依据，这是森林资源管理的基础。利用管理是组织对森林资源的合理利用，实现对森林资源合理消长的宏观控制，促进资源增加，是森林资源管理的核心和目标。监督管理是为贯彻、执行《森林法》所采取的技术方法和措施，是森林资源管理的重要手段。森林、资源、管理三部分内容是互相联系、不可分割的一个管理体系。管理的任务和内容在不断地变化，并将随着社会经济、林业生产、科学技术的发展而不断充实和发展。

### 三、森林资源管理的基本任务和要求

#### （一）森林资源管理的基本任务

森林资源管理的基本任务，就是对森林资源的培育、保护、利用实行全面的监督和管理，解决森林资源生产及开发利用中存在的各种管理问题，为扩大森林资源、增加数量和提高质量，充分发挥森林资源的多功能用途和多效益目标打下基础。

各级林业主管部门应对森林资源的保护、利用、更新实行管理和监督，及时掌握森林资源动态，切实采取行政、经济、法律和工程技术等综合性措施，有效保护、合理利用和科学培育森林资源，以不断提高森林资源的数量和质量，发挥森林资源的多种效益。

从管理的业务范围看，包括对森林资源数据和调查规划设计进行管理，对森林资源经营利用、培育保护等活动进行决策、组织和监督等。从系统观点看，森林资源管理应该是综合运用生态学、经济学、林学、系统科学、计算机技术和社会科学等知识和技术，优化森林资源结构，实现森林资源的持续发展，不断扩大森林综合效益，满足社会不断增长的需要作为管理目标，对森林资源进行调查、规划、组织、控制、调整与监督等活动。从森林资源管理与监督技术角度看，森林资源管理有 6 项任务。

第一，进行林地地籍、林木权属及其变化的调查、统计，建立林地地籍和流转变更档案管理。

第二，编制落实森林分类经营方案和林木采伐限额、控制资源消耗，扭转森林采伐失控，促进实现森林永续均衡利用。

第三，组织和审批森林资源的调查、规划和设计，建立森林资源档案，组织编制森林经营方案并监督实施，及时、准确地掌握森林资源的数量、质量和动态。

第四，进行木材流通业务技术管理，建立正常的木材流通与木材市场管理机制和秩序。

第五，建立森林"三防"与野生动植物及湿地保护等管理体系，落实、监督各项法律、政策和技术措施的执行。

第六，组织森林资源和林政管理科学研究，引进应用新技术，做好管理专门人才培训，提高管理队伍素质。

### （二）森林资源管理的要求

森林资源管理的基本要求是提高认识、完善制度、夯实基础、依法监督、做好服务、科学求实和注重调控，以期达到保护森林、合理利用森林资源、维护生态安全和促进资源增长的目的。

#### 1. 严格执行所确立的各项森林资源管理法律制度

为了保护、培育和合理利用森林资源，加快国土绿化，充分发挥森林的多种功能和效益，适应国家建设和人民生活的需要，国家对森林资源的培育、保护和利用制定了一系列法律法规和规章制度，如《森林法》《野生动物保护法》等；林地登记发证、流转变更制度；林地征占用审核、补偿和植被恢复费征收制度；森林限额采伐、凭证采伐，木材运输、经营、加工检查监督制度；野生动植物保护管理、狩猎、驯养繁殖、运输和进出口管理制度；植树造林、森林防火、防虫和防病等方面的法律制度。在进行森林资源管理过程中，只有严格执行这些法律法规和规章制度，才可以做好森林资源管理工作。

#### 2. 强化林地利用监督管理

林地是森林资源最基本、最主要的因子，是各种森林动物、植物和微生物得以生长繁衍的基础。近年来，国家加强了对林地利用的相关法律法规的制定，完善了以《森林法》《森林法实施条例》为基础的林地管理和征用、占用林地补偿管理和植被恢复的相关法律法规与政策，开始在全国推行"征占用林地定额管理"和严格履行审核、审批手续等相关措施。目前对林地主要通过行政、经济和法律手段，认真执行林地有偿使用、促进植被恢复和加大执法检查监督，以切实保护和管理好林地。

#### 3. 加强对野生动植物和自然保护区的管理

野生动植物是大自然赐予人类的宝贵财富。建立自然保护区的目的是为了保护森林自然环境和自然资源，作为生物基因库，保存生物物种和拯救濒于灭绝的生物种源，研究森林环境内生物自然演替的规律，监测人类活动对森林环境及生物资源的影响，寻求发展和利用森林自然资源的方法和途径。自然保护区的森林植物（包括林木）和森林动物一律禁止采伐采集和猎取。国家把野生动植物保护和自然保护区建设作为林业重点建设工程之一，是为了最大限度地保护可持续发展的资源基础，是保护珍贵资源、维护生物多样性、维护生态安全、营造绿色文明和为人类储备财富的重大举措。因此，强化野生动植物和自然保护区的建设管理，加强宣传教育，完善管理责任制度，落实各项保护措施，是加强森林资源管理的基本要求之一。

### 4. 加强森林资源管理基础建设和林业行政执法

高度重视森林资源保护管理的基础建设。根据国家的统一部署，积极推进林业产权制度改革，调整好林业生产关系；完善森林分类经营的政策、措施，加大森林分类经营的落实与管理力度；促进林业税费政策的改革，提高森林经营者的营林管林积极性；理顺森林资源管理体系，稳定资源林政、木材检查站、林业工作站等管理和执法队伍，支持他们依法行使职权。对非法侵占林地，盗伐滥伐林木，非法猎杀、走私贩卖重点保护野生动物及其产品，破坏珍稀植物等违法犯罪行为，采取果断措施，及时开展专项打击，切实保护森林资源，维护林区生产经营秩序。

### 5. 加强森林资源监测和监督工作

对森林资源管理工作进行全面监督，认真监督和监测森林资源动态、森林资源管理目标责任制的执行，使森林资源的消长实现良性循环。森林资源监测是监督检查的手段和重要依据。目前国家级的森林资源监测体系已建立，要将其作为一项重要工作来抓，使森林资源的数据随时都可掌握。森林资源档案建设实质上是森林资源监测的数据来源，要加强森林资源档案建设工作，根据森林资源规划设计调查资料及时建立森林资源档案，充分利用遥感系统、地理信息系统、全球定位系统和计算机管理技术，及时记录、更新和提供森林资源变化的信息，提高森林资源管理和林业经营决策水平。

### 6. 切实施行森林经营方案

国有林业企业事业单位和自然保护区，应当根据林业长远规划，编制森林经营方案。林业主管部门应当指导农村集体经济组织和国有的农场、牧场、工矿企业等单位，编制森林经营方案。森林经营方案不但是林业建设的重要依据，也是制订森林培育、保护和利用年度计划的依据和基础。特别是实行森林分类经营以后，是有目标、有科学依据地提高商品林集约经营水平，促进森林资源增加、林产品供应量增长的重要手段。要积极组织森林经营方案的编制工作，对森林经营方案的执行情况进行检查、监督，同时要随着客观条件的变化对森林经营方案及时予以调整。

## 四、森林资源管理的意义

世界上对森林资源以及森林资源管理的认识大体经历了三个阶段：第一，破坏森林资源阶段；第二，保护森林资源阶段；第三，发展森林资源阶段。

森林资源管理贯穿于森林的培育、保护、利用的全部过程和各个环节，是林业工作的重要组成部分，是各级林业主管部门行使政府管理职能的重要体现，在林业发展全局中具有不可替代的作用。《中共中央国务院关于加快林业发展的决定》对加强森林资源保护、改革森林资源管理体制、创新森林资源管理机制、完善森林资源管理政策，提出了十分明确的要求。因此，进一步加大"严管林"工作力度，全面做好新时期森林资源管理工作，对深入贯彻落实《决定》精神，保障林业持续快速发展意义十分重大。

### （一）作为森林资源主体的森林具有非常重要的作用

从历史的角度来看，森林孕育了人类，人类对森林具有深厚的感情。人类的祖先——森林古猿最早在森林中嬉戏、寻偶、繁衍生息、代代相传，逐渐学会用后肢走路即直立行走，后来为了抵御敌害，手被迫从事其他活动，手和脚发生了进一步分化，从而完成了从树居生活的古猿到地面生活的猿人。猿人为了获得动物性食物，要经常狩猎，于是使用工具的机会愈来愈多，制造工具意味着一定的劳动分工，社会随之形成，彻底完成了从猿人到人的过渡，真正的人类开始形成。所以，饮水思源，我们要把森林看得很神圣才对。远古时期，我们的先民就是凭借着覆盖全球2/3的森林生息发展，延续至今，难怪有人称，森林孕育了人类，给人以智慧，森林是人类的保姆，是人类的精魂。如果人类破坏森林就等于在自杀。

当今社会，人类已经从森林中走出，森林的作用主要体现在它的三大效益上，即生态效益、社会效益、经济效益。三者之中，经济效益是直接的，生态效益和社会效益是间接的。据许多研究结果表明，森林保护环境提供的价值约占3/4，而提供木材和其他林产品约占1/4。因此，森林在维护人类生存环境方面的价值远远超过其提供的木材和林副产品的价值，即间接效益远远大于直接效益。

森林是陆地生态系统的主体，是地球生命系统的支柱。森林是自然界最丰富、最稳定、最完善的碳储库、基因库、资源库、蓄水库和能源库，具有调节气候、涵养水源、保持水土、防风固沙、改良土壤和减少污染等多种功能，对改善环境、维护生态安全、保护人类生存发展的基本环境起决定性和不可替代的作用。

森林为国家建设和人民生活提供大量的木材、能源和林副产品。森林可以美化环境，促进人类身心健康。森林是野外避暑旅游的胜地，国内外已普遍开辟了森林公园，森林旅游已成为当今方兴未艾的重要行业，它丰富了人们的文化生活，陶冶了人们的情操，促进了人们的身心健康，发挥了很好的社会效益。以经营森林为主的林业，是社会发展的重要推动力量，林业在经济发展和社会进步中发挥着不可替代的巨大作用。例如，扩大就业和促进农村贫困人口脱贫致富奔小康，促进地方经济发展，缩小地区贫富差距，实现全社会共同富裕，加快少数民族地区经济发展，维护民族团结与稳定，维护边防安全，促进社会主义精神文明建设，满足人民文化生活需要等。

随着全球森林资源的锐减，森林已成为一个国家不可缺少又不可替代的战略资源。保护森林资源、搞好环境建设、再造秀美山川，已成为我国实现经济社会可持续发展的关键因素之一。加强森林资源管理，是保护和改善环境的重要措施。加强对森林资源的管理，进一步健全森林资源保护管理体系，综合运用行政、经济和法律手段，实现对森林资源的有效保护、合理利用和快速增长，是对全社会，尤其是林业部门最基本的认识要求。

### （二）加强森林资源管理可以保护森林历史遗产和文化

森林是"物种之家"，地球上的物种50%以上是在森林中栖息繁衍，森林物种见证自然和人类的发展史，森林的破坏伴随的是物种的消亡。森林是一切生命之源，当一种文化达到成熟或过熟时，它必须返回森林，来使自己返老还童，如果一种文化错误地冒犯了森林，生物的衰败就不可避免。尤其是随着自然保护区的建设与管理，不仅是生物物种，自然景观、珍稀物种和有特殊意义的自然剖面与化石产地等，都将受到资源管理部门的保护，使森林历史遗产和文化得到有效的保护。

### （三）搞好森林资源管理是发展林业事业的需要

人类是森林的开发利用者和经营培育者。人类要生存就要同自然界发生联系。在征服自然和改造自然的过程中，既有利用森林资源的一面，又有利用自然规律为人类服务扩大森林资源的一面。因为森林资源不同于矿藏等自然资源，它最重要的一个特点是具有再生性，即能够人为地培育和扩大森林，为人类服务，这也是现代林业的一个重要内容。但是，要想培育和扩大森林，也必须以现有的森林资源作为发展扩大的基础。林业行业面对的对象是森林资源，因此，从发展林业这个角度讲，应该认真保护、管理森林资源，反之是不能迅速发展林业的。

### （四）做好森林资源管理工作是维护林产品合理供应的需要

林木和林产品是一个国家经济和社会发展中不可缺少又难以替代的重要资源，而且在未来的材料工业发展中具有不可或缺的作用。国家建设、人民生活需要林业不断地提供日益增多的林木产品。但是，我国的森林资源是有限的，而且具有破坏容易、恢复难的特点。这就要求在林业生产中，要处理好生态需求与林产品需求、林木采伐量和生长量的关系。依法加强森林资源的管理，为森林资源的合理开发、实现永续利用创造条件。

**（五）维护森林资源的安全和林业经营者的合法权益的需要**

盗伐滥伐、毁林开垦、乱占滥用林地以及采伐管理混乱等，是我国森林资源损失浪费严重、质量下降的重要原因，也是危害森林安全的主要因素。

维护森林、林木、林地的所有者和使用者的合法权益，是《森林法》规定的基本原则。制止盗伐滥伐、乱捕滥猎、乱摘滥采、毁林开垦和乱占滥用林地，调解林权争议，加强资源管理，实行依法治林，对森林资源经营利用活动进行严格的监督和控制，就可以防止或减少上述问题的发生，是稳定林区秩序、维护林业经营者合法权益的前提和基础。

# 第二节　森林资源体系内的概念解读

## 一、林业基本概念

### （一）森林

森林是指乔木林和竹林。具体讲森林指以乔木（竹林）为主、达到一定郁闭度（0.2及以上）和连续分布面积（$0.067hm^2$ 以上）的植物（生物）群落。

### （二）林地

国内外对林地有不同的定义，主要有三种。

第一种是覆盖森林的土地；第二种是用于发展森林的土地；第三种是覆盖森林和发展森林的土地。

我国对林地的定义指郁闭度0.2以上的乔木林地和竹林地、灌木林（丛）地、疏林地、采伐迹地、火烧迹地、未成林造林地、苗圃地和县级以上人民政府规划的宜林地。

### （三）林木

林木的定义也有多种，归纳起来，主要有三种：

第一种定义，林木为林地上生长的树木（包括竹子）。

第二种定义，林木为生长在森林中的树木（包括竹子）。

第三种定义，林木为树木和竹子（《中华人民共和国森林法实施条例》）。

实际上，林木应包括土地上生长的所有树木（含竹子），只有这样，在生产中对各种林地、林木进行资产评估时才能覆盖所有对象。

## （四）森林资源

森林资源指森林、林木、林地以及依托森林、林木、林地生存的野生动物、植物和微生物。

## （五）森林覆盖率

森林覆盖率指森林面积占区域总面积的比例。计算公式如下：

$$森林覆盖率 = \frac{有林地面积}{土地总面积} \times 100\% + \frac{国家特别规定灌木林面积}{土地总面积} \times 100\%$$

有林地：连续面积大于 $0.067hm^2$、郁闭度 $0.20$ 以上，附着有森林植被的林地，包括乔木林、红树林和竹林。

## （六）林木绿化率

林木绿化率指绿化面积占区域总面积的比例。

$$林木绿化率 = \frac{有林地面积}{土地总面积} \times 100\% + \frac{灌木林面积}{土地总面积} \times 100\% +$$

$$\frac{四旁树占地面积}{土地总面积} \times 100\%$$

## 二、中国森林资源的变迁

原始农业之前时期：

森林的发展有三个阶段，森林起源至今已有 6 亿年历史。

古生代森林——以蕨类植物为主阶段（6 亿～2 亿年前）。逐渐形成不同的植被区系，以蕨类植物为主，出现裸子植物及乔木分布。

中生代森林——以裸子植物为主阶段（2 亿～6500 万年前）。不断完善和扩大各种植被区系，以裸子植物为主，出现被子植物及乔木，如苏铁、银杏、松柏类开始大发展。

新生代森林——以被子植物为主阶段（6500 万～1 万年前）。新生代时期，到处都是森林，从南到北、从东到西、从沿海到青藏高原不同海拔等，各种森林类型、结构、分布十分完善，距今 1 万年时期的森林分布是今天森林资源配置的基础。早在太古和旧石器时期，森林是人类摘取野果和狩猎的场所，没有森林破坏活动。

新石器时期，人类开始破坏森林，前后经历了数千年。主要是刀耕火种方式，不是采伐形式。

原始农业产生到史前时期：真正大规模破坏森林是到距今七八千年前的原始农业时期开始。从此人类开始砍伐森林，建筑房屋等。森林从自然增加变为人为减少。

这个时期全国森林覆盖率在 60% 左右，但分布不均，其中，湿润的东南地区 80% ～ 90%，半干旱半湿润的中部地区 40% ～ 50%。青藏高原地区 10% ～ 20%。

中华人民共和国成立至今：1949 年以来，国家十分重视森林资源的保护、利用、恢复和发展，国家实施了史无前例的十大林业工程。森林覆盖率从 8.6% 上升到 21.63%。虽然在森林资源经营管理过程中，出现过采伐不合理的年代，但总体是沿着森林资源面积和蓄积双增长的方向发展。

## 三、森林资源监测

### （一）森林资源调查与监测的关系

很多人把森林资源与监测的关系搞不清楚，甚至有人直接把调查与监测组成一个词"调查监测"，这是不正确的。

#### 1. 森林资源调查

森林资源调查，可以简单描述为以林地、林木以及森林范围内生长的动、植物资源及其环境条件为对象的林业调查，简称森林调查。具体而言，森林资源调查是根据林业和生态建设、生产经营管理、科学研究等的需要，采用相应的技术方法和标准，按照确定的时空尺度，在特定范围内对森林资源分布、数量、质量以及相关的自然和社会经济条件等数据进行采集、统计、分析和评价工作的全过程。

#### 2. 森林资源监测

森林资源监测是对一定空间和一定时间的森林资源状态进行跟踪观测（重复调查），掌握其变化情况。构成森林资源监测体系必须具备森林资源监测的空间完整性、时间统一性、调查连续性、方案兼容性、标准统一性、成果可靠性和工作系统性。

#### 3. 二者的关系

调查是一种活动过程，监测由两个及以上活动过程组成。调查是监测的基础，准确调查各种森林因子，是监测结果可靠的保障。

### （二）森林资源监测体系

#### 1. 森林资源连续清查

森林资源连续清查（简称一类清查）是国家森林资源监测的主体，以省（自治区、直辖市）为单位进行，每 5 年为一个调查周期，采用抽样技术系统布设地面固定样地和遥感判读样地，通过定期实测固定样地和判读遥感样地的方法，在统一时间内，按统一的要求查清各省（自治区、直辖市）和全国森林资源现状，掌握其消长变化规律。清查成果是反映和评价全国及各省（自治区、直辖市）林业和生态建设的重要依据。全国的森林资源连续清查由国家林业和草原局统一部署，森林资源管理司负责组织协调,各省（自治区、直辖市）林业主管部门负责组织本地区森林资源连续清查工作,国家林业和草原局六个区域森林资源监测中心和省（自治区、直辖市）各级林业调查规划（勘察设计)院（森林资源监测中心、队）承担具体的森林资源连续清查任务。

森林资源连续清查的主要内容包括：反映森林资源基本状况的地理空间因子，如地理坐标、地形地貌、海拔等；土地和林木权属，土地利用类型与面积，立地条件，植被覆盖度等；森林类型、林种、树种、林龄、胸径、树高、蓄积量、郁闭度、森林更新等林分因子；森林生长量、枯损量、采伐量等动态变化因子。

### 2. 森林资源规划设计调查

森林资源规划设计调查（简称二类调查）是地方森林资源监测的基础，是以县（国有林业局、林场、自然保护区、森林公园等）为单位，以满足森林经营管理、编制森林经营方案、总体设计、林业区划与规划设计等需要，按山头地块进行的一种森林资源调查方式。二类调查是经营性调查，通常每10年进行一次，一般由各省（自治区、直辖市）负责组织实施，由具有林业调查规划设计资格证书的单位承担，经费主要由地方财政负担或自筹。

二类调查的主要内容包括森林经营单位的境界线、各类林地面积、各类森林、林木蓄积、与森林资源有关的自然地理环境和生态环境因素、森林经营条件、主要经营措施与经营成效，以及通过专项调查获取的森林生长量和消耗量、森林土壤、森林更新、病虫害等。

### 3. 三类调查（作业设计调查）

三类调查是林业基层单位为满足伐区设计、抚育采伐设计等的需要而进行的调查。对林木的蓄积量和材种出材量要做出准确的测定和计算。在调查过程中,对采伐木要挂号。根据调查对象面积的大小和林分的同质程度，可采用全林实测或标准地调查方法。

### 4. 专业调查

林业专业调查是森林经营调查的组成部分和重要基础。包括森林生长量调查、消耗量与出材量调查、立地类型调查、森林土壤调查、森林更新调查、森林病虫害调查、森林火灾调查、林副产品调查等。

# 第三节　森林与林业

## 一、森林的概念及分类

### （一）森林的概念

森林是一个以乔木和其他木本植物为主体的生物群落，具有一定的面积、空间和密度：在林木之间、林木与各种生物之间，以及与它们所生存的环境之间，相互依存、相互影响，并能影响周围环境的不断发展的统一体。

根据森林的概念，可以从以下几方面加强对森林的理解。

#### 1.森林的成分复杂

森林由动物、植物和微生物组成，其中植物是森林的主体成分，植物成分又包括乔木、灌木和草本，其中乔木占主体地位。森林内的各成分是长期有规律地组合在一起的，形成了生物群落，并且具有一定的层次性。

乔木层：处于森林的最上层，是人们经营的主要对象。在乔木层林冠下，经常还有许多由它们自身繁殖的后代。这些幼年植株是乔木层的后继者，关系着森林群落的发展前景。其中一年生植株称为幼苗。

灌木层：处在乔木层以下，是所有灌木型木本植物的总称。有时也把包括灌木及生长不能达到乔木层高度的乔木通称为下木层。

草本植物层：生长在森林的最下一层，覆盖在土地表面，是包括地衣、苔藓等在内的所有草本植物的总称。

地被物层：包括活地被物层和死地被物层。林冠下有些小灌木和半灌木的生长高度，达不到下木层而与草本层植物相类似，一般将其列入活地被物层。覆盖在土地表层的枯落物和一切死的有机体称为死地被物层。

森林中还生长着一些没有固定层次的植物，如藤本植物、寄生植物和附生植物等，它们有时处在乔木层，有时处在灌木层，在森林中的地位很不稳定，因而常称其为层间植物。

不仅森林中所有植物种类是有规律地分布在不同的层次，而且森林群落的地下部分也是有规律地成层分布的。

乔木树种的根系深扎于土壤下层。

草本植物的根系很浅，多分布在近地表的土层。

灌木的根系分布在二者之间。正是由于这种分层现象，使森林植物能最大限度地利用地上空间，并从各层土壤中获得营养物质，因此，森林比其他任何作物产量都高。

### 2. 森林与周围环境及森林内部各成分之间是相互联系、相互影响的

一方面，环境影响森林。在不同的环境条件下，常常形成不同的森林。例如，在我国东北的大小兴安岭林区，分布着广阔的针叶林，而海南地区的森林是以常绿阔叶树为主的热带雨林。这是由于南北两地的环境条件不同而造成的森林群落的差异。就是在同一地区的同一树种，也可观察到环境影响森林的现象。密集生长的林木与生长在空旷地上的孤立木，在外形和生长发育上都有明显的差异。另一方面，森林也不断地改善周围的环境。例如，浙东沿海一带有些盐碱不毛之地营造了防护林以后，不但减弱了风势，改善了土壤，而且为鸟兽提供了栖息场所。大面积的森林还把影响扩大到林地、林区范围以外，能起到涵养水源、保持水土、防风固沙、调节气候、增加降水、防止大气污染、净化和保护环境等作用。

### 3. 森林是不断发展变化的

森林中的林木个体会长高、长粗，从幼苗长成大树，森林整个群落也会从形成然后经过一系列的生长发育过程，到衰老死亡。不同的森林群落还会发生演替等现象。因此，在经营、管理和保护森林的过程中，要遵循森林的变化规律，使森林朝着有利于人类需要的方向发展。

### 4. 森林是一个生物群落，是一个生态系统

森林不仅是一个生物群落，森林和它的环境也形成了一个生态系统。森林生态系统是陆地上最大的生态系统，对整个生物圈起着非常重要的作用。因此，育林人保护的不仅仅是一棵棵树木，而是森林生态系统，进而保护了整个生物圈，保护了全人类。

### 5. 森林不仅是自然的产物，也是人类劳动的成果

地球表面在还没有人类以前，就有茂密的森林，因此，森林资源是一种自然资源。同时，人类也可以栽培森林，让森林为人类服务。

生长在森林中的树木称为林木。林木的一般特点是树干通直，圆满少节，树冠窄小且集中于树干上部，枝下高较高，侧根较短，根系较弱，开始开花结实的时间较晚，数量也较少。

生长在空旷地上的单棵树木称为孤立木。孤立木树干一般多弯曲，下部粗，上部细，

低矮尖削，树冠庞大，节子较多，枝下高较低；侧根较长，根系发达；开花结实较早而且数量较多。

生长在竹林地、灌木林地、未成林地、无立木林地和宜林地上达到检尺径的林木，以及散生在幼林中的高大林木称为散生木。

在宅旁、村旁、路旁、水旁等地栽植的，面积不到 $0.067hm^2$ 的各种竹丛、树木称为四旁树。

生长在地面上的树木称为立木，如果立木仍保持生活力状态则称为活立木，否则称为枯立木。立木伐倒后，砍去枝丫，留下的净干，称为伐倒木。树木枯死后倒下，则称为枯倒木。

### （二）森林的分类

按照培育、保护和利用森林的主要目的不同，将森林划分成不同的种类，简称林种。可以将森林分为防护林、用材林、经济林、薪炭林、特种用途林五大类。

#### 1. 防护林

防护林是以防护为主要目的的森林、林木和灌木丛。防护林对于改善生态环境、减少自然灾害、促进经济发展具有十分重要的意义。防护林包括水源涵养林、水土保持林、防风固沙林、护岸林、护路林以及农田防护林、牧场防护林。

#### 2. 用材林

用材林是以生产木材为主要目的的森林和林木，包括以生产竹材为主要目的的竹林。在我国，人均占有蓄积量远远低于世界平均水平，长期以来林产品的供应一直十分紧张，难以满足人民生活和经济建设的需要。因此，大力发展用材林，对于适应社会主义现代化建设和人民生活的需要，具有十分重大的意义。

#### 3. 经济林

经济林是以生产果品、食用油料、饮料、调料、工业原料和药材等为主要目的的林木，如油茶、油桐、核桃、樟树、花椒、茶、桑和果等。经济林的共同特征是属于多年生、成林后可以多年受益的木本植物，这也是与草本植物的农作物相区别的根本属性。一方面，一些经济林的产品，如梨、桃、香蕉和苹果等，可以直接供人们食用，是人民生活不可缺少的物质；另一方面，许多经济林的产品，直接供应生产部门，是一些生产部门的重要原料来源。因此，经济林的产品，社会需求量很大，大力发展经济林，对于适应社会主义建设和满足人民群众生活需要，具有重要的意义。

#### 4. 薪炭林

薪炭林是以生产燃料为主要目的的林木。薪炭林是一种见效快的再生能源，没有固定的树种，几乎所有树木均可做燃料。通常多选择耐干旱瘠薄、适应性广、萌芽力强、生长快、再生能力强、耐樵采、燃值高的树种进行营造和培育经营，一般以硬材阔叶为主，大多实行矮林作业。我国农村居民的烧柴问题，很长一段时间内一直是一个影响农民经济、生活的问题。特别是在一些边远贫困地区，由于经济基础差，群众直接砍伐林木用于烧柴，使生态环境受到破坏，从而进一步影响当地群众的生产和生活。同时，薪炭林在生长时期，与防护林一样，可以起到保水、保土、护坡和护岸等作用。因此，发展薪炭林，对于解决农村居民的实际生活需要，具有重要的现实意义。

#### 5. 特种用途林

特种用途林是以国防、环境保护、科学实验等为主要目的的森林和林木。由于具有特殊的用途和功用，所以在森林资源中处于特殊的位置。目前，一方面，要大力发展特种用途林，增加其数量；另一方面，需要对其实施特殊的管理和保护，以期发挥重要的作用。特种用途林包括国防林、实验林、母树林、环境保护林、风景林、名胜古迹和革命纪念地的林木、自然保护林。

用材林、经济林、薪炭林称为商品林，防护林、特种用途林称为生态公益林。商品林是以商品交换、获得经济收益为主要目的的森林。商品林主要功能是发挥经济效益，生产木材、薪材、干鲜品和其他工业原料等。

生态公益林是指生态区位极为重要，或生态状况极为脆弱，对国土生态安全、生物多样性保护和经济社会可持续发展具有重要作用，以提供森林生态和社会服务产品为主要经营目的的防护林和特种用途林。在我国，生态公益林按保护等级划分为特殊、重点和一般三个等级。生态公益林按事权等级划分为国家生态公益林和地方生态公益林。

国家生态公益林是由地方人民政府根据国家有关规定划定，并经国务院林业主管部门核查认定的生态公益林。国家生态公益林按照生态区位差异一般分为特殊生态公益林和重点生态公益林。

地方生态公益林是由各级人民政府根据国家和地方的有关规定划定，并经省林业主管部门核查认定的生态公益林，包括森林、林木、林地。地方生态公益林按照生态区位差异一般分为重点生态公益林和一般生态公益林。

### 二、林业的概念及特点

林业是一项以培育、经营、管理、保护和开发利用森林资源为目的的事业。它是国民经济的重要组成部分之一，包括造林、育林、护林、森林采伐和更新、木材和其他林产品的采集和加工等。发展林业，除可提供大量国民经济所需的产品外，还可以发挥其保持水土、防风固沙、调节气候和保护环境等生态功效等重要作用。林业生产与作物栽培、矿产采掘等既有类似性，又不相同。它具有生产周期长、见效慢、商品率高、占地面积大、受地理环境制约性强、可再生性和效益综合性的特点。发达的林业是国家富足、民族繁荣、社会文明的重要标志之一。

# 第四节　林分特征

## 一、林分起源

森林内部的结构复杂多样，为了揭示森林演替的规律以及科学地经营、管理森林，实现森林的可持续经营，有必要对森林内部的特征进行深入细致的研究。将大面积的森林按其本身的特征和经营管理的需要，区划成若干个内部特征相同且与四周相邻部分有显著区别的小块森林，这种小块森林称作林分。因此，林分是区划森林的最小地域单位。要正确认识和经营管理好森林，只有通过对林分特征的研究，才能掌握森林的特征及其变化规律。

林分起源是描述林分中乔木树种发育来源的标志。

按林分起源不同，森林可分为：第一，天然林。天然林是天然下种、人工促进天然更新或萌生所形成的森林。天然林可分为原始林和次生林。第二，人工林。人工林是指由人工方法播种、植苗、分殖或扦插造林形成的森林。人工林一般分为有性繁殖林和无性繁殖林两类。由种子繁殖而形成的森林称为有性繁殖林，也称实生林。由营养器官繁殖形成的森林称为无性繁殖林。无性繁殖林中常用的有扦插、嫁接、压条、埋条、萌芽等方式。

## 二、林相

林分中乔木树种的树冠所形成的树冠层次称为林相或林层。

按照林层多少分为单层林和复层林。只有一个树冠层的林分称为单层林，有两个以上树冠层的林分称为复层林。单层林林冠高低相差不大，分不出明显的层次。复层林由两层以上林冠组成，有时又可分为双层林、三层林等。复层林多数是由混交异龄林所构成的。实际上每一林层还都可以细分为几个亚层。例如，在乔木层中，通常高大的树种处于最上层，稍矮的则处于次层或更下一层。

林层序号以罗马数字Ⅰ、Ⅱ、Ⅲ……表示，最上层为第Ⅰ层，其次依次为第Ⅱ层、第Ⅲ层等。

### 三、树种组成

树种组成，是指组成林分的乔木树种及其所占的比重，是描述林分由哪些树种形成的标志。根据树种组成，可分为纯林和混交林两类。

#### （一）纯林

纯林是指由一个树种组成的或混有其他树种，但材积都分别占不到一成的林分。

目前保存的人工林多以纯林为主。纯林往往存在以下问题：

第一，树种组成单一，生物多样性下降。

第二，病虫危害严重，林分稳定性较差。

第三，林地地力出现衰退。

第四，如果是易燃树种组成的纯林，易导致火灾的蔓延。

#### （二）混交林

混交林是由两个或更多个树种组成，其中每个树种在林分内所占比例均不少于一成的林分。混交林的缺点是培育技术复杂、目的树种的产量低于纯林。但与纯林相比，混交林具有很多优点。

第一，能充分地利用营养空间。深根性与浅根性树种混交，能增加养分、利用空间；喜光与耐阴树种混交，形成复层林，充分利用光能；需肥性不同树种混交，表现出对土壤养分的充分利用。

第二，能够更好地改善立地条件。通过与固氮树种混交，可以直接补给营养物质；改善小气候因子；枯枝落叶的数量较多，分解速度快。

第三，混交林具有较高的总产量。

第四，可发挥较高的生态效益和社会效益。混交林的凋落物多，根系量大，水土保持、水源涵养功能强；树冠层次复杂，防风固沙能力强；混交林具有较高的生物多样性。

第五，抵御自然灾害的能力强。混交林抵御火灾能力强；由于食物分散、天敌增加、小环境的改善使病虫害不易发生，所以抗病虫能力强；抗风倒、风折、防止霜冻等能力也较强。

一般来说，防护林、风景林适合营造混交林。用材林、经济林多选择纯林。培育中小径材以纯林为主，大径材适合混交林。极端立地适合纯林，较好的立地适合混交林。

树种组成与土壤、气候密切相关。在恶劣的环境条件下，如严寒地区、沼泽地、干旱地、北方的山脊岗梁等地方，只有少数树种能够适应，常形成纯林；在优越的土壤条件和温度条件下，由于能够满足各种树种正常生活的需求，树种组成就较复杂，易于形成混交林。我国北方气候干冷，向南渐趋温湿，因而南方森林中的树种组成通常比较复杂，而北方就比较单一。例如，我国海南岛东南部吊罗山等地区热带雨林中，在100平方米样方中，乔木有27种；而东北大兴安岭寒温带针叶林中，兴安落叶松常为纯林，即便有混交树种也仅2～3种。

混交林中的树种常分为两类：第一，主要树种。主要树种是培育的目的树种，所占的比例一般比较大，并且经济价值较高。第二，混交树种。混交树种是指起辅佐、护土和改良土壤作用的次要树种，包括伴生树种和灌木树种。伴生树种是与主要树种伴生，并促进主要树种生长的乔木树种。灌木树种是在一定时期与主要树种生长在一起，发挥其有利特性的灌木。

树种组成常用整数十分法组成式做定量描述。纯林用树种名称前加"10"；混交林用各树种材积（蓄积）占林分总材积（蓄积）的比重来确定，优势树种写在前面，然后按系数的大小排列，但每个树种名称前要加上组成系数，各树种组成系数之和应为"10"。当某树种的材积（蓄积）所占比重在2%～5%时，在组成式中用"+"表示，若不足2%，用"-"表示。例如，10落——表示落叶松纯林；7马3麻——表示由马尾松、麻栎组成的混交林，马尾松占7成、麻栎占3成；10杉+马——表示杉木纯林中有2%～5%的马尾松；7落3云-白——表示由7成落叶松、3成云杉组成的混交林中有2%以下的白桦。

由于胸高断面积与材积成正比，且二者关系紧密，同时测算胸高断面积比材积（蓄积）简便易行，所以也常用胸高断面积代替材积（蓄积）来计算树种组成系数。

## 四、林分年龄

林分年龄是描述林分生长发育的时间标志。由于树木生长发育周期长，用年龄表示生长发育阶段是很不方便的，因此常用龄级、龄组来反映林分年龄。

### （一）龄级

龄级是指林分平均年龄的分级，即根据森林经营要求及树种生物学特性，按一定年数（即龄级期限）作为间距划分成若干个级别。慢生树种以20年为一个龄级；中生树种以10年为一个龄级；速生树种以5年为一个龄级；生长非常迅速的树种以2～3年为一个龄级。龄级用罗马数字Ⅰ、Ⅱ、Ⅲ、Ⅳ、Ⅴ、Ⅵ、Ⅶ、Ⅷ、Ⅸ、Ⅹ……表示，数字越大，表示龄级越高，年龄越大。龄级划分反映了林分发育的不同生长阶段。

## （二）龄组

龄组是林分根据主伐年龄或更新采伐年龄所在的龄级不同，划分的年龄组别。通常分为幼龄林、中龄林、近熟林、成熟林和过熟林五个龄组，亦有将成熟林和过熟林合并称为成过熟林。

## （三）同龄林和异龄林

林分内林木年龄相差不超过一个龄级的称为同龄林，年龄相差超过一个龄级的称为异龄林。林分中林木的年龄完全一致的，称为绝对同龄。绝对同龄在天然林中是难以找到的，而人工林则在大多数情况下为绝对同龄林。天然混交林里，由于各树种的耐阴性和更新过程不同，在年龄阶段上往往有较大的差异，从而形成异龄林。耐阴树种所组成的纯林中，由于幼苗能在林冠下正常生长，也多构成异龄林。林分的年龄结构，还取决于所处的环境条件，在极端恶劣的气候、土壤条件下易于形成同龄林；较好的环境条件则有利于形成异龄林。

人工林的年龄可根据查阅有关森林档案来确定，树木的年龄也可以用仪器来测定。

## （四）年轮

年轮是指木本植物主干横断面上的同心轮纹。在树干横切面上，常可以看到一圈一圈的同心环，通常每年一轮。一个年轮是树木一年生命活动的产物。由于季节不同，一年内由形成层活动所增生的木质部构造亦有差别。春夏两季生长旺盛，细胞较大，木质较松，称为早材或春材；秋冬两季生长缓慢，细胞较小，木质较紧，称为晚材或秋材。多数温带树种一年形成一个年轮，因此年轮的数目表示树龄的多少，年轮的宽窄则与相应生长年份的气候条件密切相关，同一气候区内同种树木的不同个体，在同一时期内年轮的宽窄变化规律是一致的，因此，同种树木的不同个体之间能够交叉定年。

测定树木的年龄常用生长锥，生长锥由锥管、探针和锥柄三部分组成。

## 五、平均胸径

胸径是根茎至主干1.3米处的断面积所对应的直径。林分平均胸径是反映林木粗度的指标。由于胸径易于测定，许多调查因子常常通过胸径间接估计，因此平均胸径是非常重要的调查因子。平均胸径不是林木胸径的平均水平（即算术平均胸径），而是林木胸高断面积的平均水平（即平方平均胸径）。林分平方平均胸径永远大于算术平均胸径。

在测定大量直径时，为了便于查表和计算，往往不记载每株林木的实际直径，而是按一定的间隔距离（组距）将所测的直径划分为不同的组，这个组叫直径组或径阶。径阶为每木检尺时进行直径分组的组中值。用各径阶的中值（径阶值）来表示直径值，这种将实际直径按径阶划分记载的工作叫直径整化。径级组的划分标准为：小径组 6～12 厘米；中径组 14～24 厘米；大径组 26～36 厘米；特大径组 38 厘米以上。林木调查起测胸径为 5.0 厘米，视林分平均胸径以 2 厘米或 4 厘米为径阶距并采用上限排外法。

## 六、平均树高

树高是指树干基处至主干梢端的长度。平均树高是反映林分高矮的指标，通常分为林分平均树高和优势木平均树高两种。

### （一）林分平均树高

林分平均树高是反映林分中全部林木平均高度的测树指标，是一个重要的测树因子。

树木的生长与胸径生长之间存在着密切的关系，一般的规律为随胸径的增大树高增加，两者之间的关系常用树高—胸径曲线来表示。这种反映树高随胸径变化的曲线称为树高曲线。在树高曲线上，与林分平均直径相对应的树高，称为林分的条件平均高，简称平均高。

### （二）优势木平均树高

优势木平均树高又称上层木平均树高。在林分中每 100 平方米的面积上，选择优势树种中一株最高的树木作为优势木。这些优势木高度的算术平均值称为优势木平均树高。

## 七、林分密度

林分密度包括株数密度、郁闭度、疏密度。

### （一）株数密度

株数密度是指单位面积上林木的株数，简称密度。它反映林分中每株树木平均所占营养面积的大小，结合涉案面积大小可以计算涉案的林木数量，也可以评定林木在一定年龄阶段对林地的利用程度和生长发育状况。林分的株数密度常因树种和立地条件的差别而不同。在相同的年龄下，天然林中，一般喜光树种组成的林分密度较小，耐阴树种组成的林分密度较大。土壤、气候条件恶劣的地区林分中单位面积的株数较少；温、湿度条件较好，土壤肥沃的地区，单位面积的株数较多。但在同一气候区内，立地条件较好的林分，由于林木生长迅速，自然稀疏强烈，林木株数常较少。

### （二）郁闭度

郁闭度是指林分中林冠彼此相接的程度，也就是林冠垂直投影面积与林地面积之比。

它通常用小数表示。

一般情况下常采用一种简单易行的样点测定法，即在林分调查中，机械设置 100 个样点，在各样点位置上采用垂直仰视的方法，判断该样点是否被树冠覆盖，统计被覆盖的样点数。利用下式计算林分的郁闭度。

郁闭度 = 被树冠覆盖的样点数／样点总数

林分郁闭度的大小反映森林对光能的利用程度。郁闭度大，对光能的利用比较充分；郁闭度小，对光能的利用率低。林冠的郁闭状态可以分成两类。

第一，水平郁闭，是指树冠基本上在一个水平面上互相衔接。单层林的林冠即为水平郁闭。纯林，尤其是针叶树的纯林，在大多数情况下具有这个特点。

第二，垂直郁闭，是指树冠高低参差不齐，上下呈镶嵌排列的郁闭状态。复层林的林冠即为垂直郁闭。垂直郁闭通常比水平郁闭更能充分地利用太阳能。郁闭度的大小与树种及环境条件有关。喜光树种形成的森林郁闭度常较小，通常在幼龄期还可能保持较高的郁闭度，后期因林冠疏开，最大郁闭度也只在 0.7 左右。耐阴树种组成的森林郁闭度较高，几乎在整个生长发育过程中都保持高度郁闭状态。气候、土壤条件与郁闭度的大小也密切相关。一般气候寒冷、土壤干燥瘠薄的森林郁闭度较小，水肥条件优越地区的森林常具有较高的郁闭度。

### （三）疏密度

疏密度用单位面积（一般为 $1hm^2$）上林木实有的蓄积量（或胸高总断面积），与相同条件下的标准林分的每 $hm^2$ 蓄积量（或胸高总断面积）之比表示。用小数十分法如 1.0，0.9，0.8，…，0 来表示，是我国最常用的林分密度指标。疏密度表示林分中林木对其所占空间的利用程度，是说明林分单位面积上立木蓄积量的多少程度的一种指标。

疏密度为 1.0 的林分就是标准林分。标准林分可理解为"某一树种在一定年龄、一定立地条件下最完善和最大限度地利用了所占空间的林分"，即树种在一定年龄和一定立地条件下生产力最高的林分。标准林分的蓄积量和断面积可以从断面积、蓄积量标准表中查得。疏密度可以反映相同树种在同年龄、同地位级的情况下，林分木材生产量的大小。疏密度越高，表明木材的生产量越大。同一树种，在同样直径的情况下，这一指标也说明林分的疏密程度。在实际工作中，只要测得林分的每 $hm^2$ 胸高总断面积，同标准林分相比，所得的比值即为所测林分的疏密度。

株数密度、郁闭度、疏密度三者常具有一定的联系，但并不是完全一致的。有时林分的株数密度大，其疏密度和郁闭度也大；但郁闭度大的林分其疏密度和株数密度有时并不大；过大的株数密度常导致疏密度减小。在森林经营中，力求采用先进的林业技术，使林分中的林木能最充分地利用光能、空间和地力，形成对林木生产最有利的株数密度、郁闭度，以期达到最大的疏密度。

## 八、蓄积量

尽管林木依其自然状态可分为树干、树冠和树根三大部分，但从利用木材的观点来看，树干部分体积所占比例最大，约占 2/3，其他两部分各占 1/6。立木的材积主要是指树干部分的体积，即材积是指树干的体积。

蓄积量是林分中所有林木材积的总和，是说明材积多少的数量指标。蓄积量通常用"立方米 /$hm^2$"来表示。

## 九、立地质量

立地质量是按木材生产潜力对林业用地等级的评价，又称为地位质量。它是对影响森林生产能力所有因子（包括气候、土壤和生物）的综合评价。经多年的实践证明，林分生产力的高低与林分高之间有着紧密的联系。如果林分的年龄相同，林分越高，立地条件越好，林地生产能力也越高。另外，平均树高与平均胸径及材积（蓄积）相比，受密度影响较小，又容易测定。因此，以既定年龄时林分的高矮作为评定立地条件的依据已被普遍采用。常用的评定立地质量的指标有地位级和立地指数。

### （一）地位级

地位级是一定年龄的林分按其平均树高划分的若干等级，用来评定林木或林分的立地相对生产力。依据林分平均年龄与林分平均树高的关系编制成的评定立地质量的表称为地位级表。在地位级表中，按照使用地区范围的大小和适用树种的多少，又分为通用地位级表和地方地位级表。通用地位级表是不分地区、不分树种，仅按林分起源而编制的；地方地位级表是分别地区、分别树种编制的。通常将地位级分五级，用罗马数字Ⅰ、Ⅱ、Ⅲ、Ⅳ、Ⅴ表示。Ⅰ地位级表示生产力最高，Ⅴ地位级表示生产力最低。

### （二）立地指数

立地指数是林分中标准年龄优势木的树高指数。依据林分优势木年龄与优势木平均树高关系，用标准年龄时林分优势木的平均树高的绝对值作为划分林地生产力等级的数表称为立地指数表，通常分别地区、分别树种编制。在同一龄阶内树高的间距相等，在不同龄阶间的间距是不等的。

## 十、出材级

出材级是根据经济材材积占林分蓄积量的百分比确定的，是反映林分质量的因子之一。虽然两个林分的蓄积量相等，由于林木大小以及病腐、缺陷等情况的不同，其经济材出材量可能不同，其经济价值也不一样。出材级是出材率等级的简称。

# 第二章 森林资源保护的价值原理

## 第一节 森林资源的价值

### 一、森林的生态价值

森林一般具有两种功能：一是有形价值，如生产木、竹、林副特产品等，它既有成本，也有价值，可以进入市场交易，使森林经营者从中实现经济利益回报，故称为经济功能。二是无形价值，森林不仅具有经济效益，更具有庞大的生态效益。但由于森林没有价值载体，不能进入市场买卖交易，故称其为生态功能。

从经济学角度看，森林的生态价值主要由森林生态系统中生物和非生物的资源性决定的。随着社会生产力的发展，森林资源已无法满足人类的需要，人类需要投入必要的劳动对森林生态系统进行保护，对森林资源进行社会再生产，让它们参与商品的流通和交换。这种社会再生产与凝结在商品中的一般的无差别的人类劳动或抽象的人类劳动一样，使得森林资源具有了经济价值，这就是森林生态系统的经济价值。

从生态学角度看，森林的生态价值是由森林生态系统内在性质决定的。一个完整、健康的森林生态系统通过生产者、消费者（捕食者）、分解者的有机组合，形成了物种和自然物质的更新、演替、再生的良性循环。这种按自然力进行的物质循环或自然再生产保持了生态系统的相对稳定，也为生命有机体的生存、繁衍提供了充足的物质和能量。森林生态系统在维持生命有机体与其赖以生存的环境稳定，完成其自身更新、演替的同时，对人类的生存和发展也具有特殊的生态功能或生态屏障作用。森林生态系统具有保护生物多样性、水源涵养、水土保持功能，生产有机物、净化空气、释放氧气、吸收二氧化碳和有毒气体、生态系统的水质净化等方面的生态功能。森林生态系统自我更新、演替、再生是客观存在的，其生态功能是不可替代的。森林生态资源的自我更新的特殊性，生态功能的固有特征和属性是不以人的意志为转移的。

森林后一种功能长期被社会所忽视，使森林生态效益得不到合理补偿，制约了林业的发展，特别是制约了生态公益林的发展。由此可见，我们应更多地关注森林的生态价值。

## （一）森林生产有机物的价值

森林可以利用太阳能将无机化合物如 $CO_2$、$H_2O$ 等合成有机物质，是森林生态系统最基本的功能，这种功能将太阳能固定，为人类和其他生物提供了最原始的能量。

森林等绿色植物通过光合作用，将太阳辐射的能量转化为化学能和热能，动物再将植物的化学能转化为机械能和热能并加以利用。森林等绿色植物对太阳能的固定，只是对部分太阳辐射能有效。太阳辐射通过大气层投射到地球的光波波长在 $0.29 \sim 30 \mu m$ 之间，其中被绿色植物吸收具有生理活性的波段称为生理辐射，约在 $0.4 \sim 07 \mu m$ 之间。光合作用将一部分光能转化为化学能储存在有机物中。森林在植物中，对光能的利用最有效。这主要因为森林具有成层的光合面和较高的叶绿素含量。影响生态系统的光合作用的因素很多，如 $CO_2$、水分、湿度、光、温度和生物等，对光合的速率均有影响。森林生态系统固定的能量在生物圈内是较高的，约为 $15072 \sim 37681kJ/（m^2 \cdot a）$，是温带森林 $24493kJ/（m^2 \cdot a）$ 的 1.5 倍。世界各种类型森林每年固定的能量为：热带林 $2.7 \times 10^{17}kJ$，温带林 $1.6 \times 10^{17}kJ$，针叶林 $6.4 \times 10^{16}kJ$。由此可见森林在提供能量方面的作用是巨大的。

实际上，要精确计算森林生态系统的能量的流动是极其困难的。但我们还是能得出森林等植被具有巨大的生产有机物的生态功能。

## （二）森林涵养水源的价值

涵养水源是森林的重要生态功能之一。森林与水源存在密切关系，主要表现为截留降水、蒸腾、增强土壤下渗、抑制蒸发、缓和地表径流，改变积雪和融雪状况以及增加降水等功能。这些功能使森林对河川径流产生影响，并以"时空"形式直接影响河流的水位变化。在时间上，它可以延长径流的时间，在枯水位时补充河流的水量，在洪水时减缓洪水的流量，起到调节河流水位高低的作用。在空间上，森林能够将降雨产生的地表径流转化为土壤径流和地下径流，或者通过蒸发蒸腾的方式将水分返回大气中，进行大范围的水分循环，对大气降水进行再分配。据测定，当林带宽达 80 米时。一般降水就不会出现地表径流，水便储存起来了，随后以地下径流的方式缓缓流出。

### 1. 森林与降水的关系

由于受到不同气候的影响，大气的水分可以雪、雹、霜等固态形式和雨等液态形式回到地面。森林的增减对大气降水有直接影响。一般来说森林覆盖率高的地区比低的地区降水量大。据相关学者的研究表明，森林可以使年降水量增加 1% ～ 25%。印度南部平原地区，由于造林使降水量增加 12%。我国长白山地区，由于恢复植被降水量平均增加 2% ～ 5%。其实森林影响降水的主要表现为三方面：一是气流机制。森林就像一堵墙，它可改变气流的方向，促使气流涡动或升高，像催化剂一样加速大气水分的凝结而降水。二是蒸腾机制。由于森林在蒸腾蒸发过程中需要吸收很多热量，所以森林上空温度低、湿度大，易形成降水条件，促进降水。三是捕获机制。森林凭借它的多层结构和茂密的枝叶可以将雾凝结成水，俗称露水或树雨。

### 2. 森林土壤与其他土壤的关系

森林土壤与其他土壤不同，它有其特殊的结构，土壤的表面通常覆盖着一层苔藓和枯枝落叶。这个表层一般由苔藓和森林植物落下的树皮、茎叶、果实、花、枝条等凋落物及被分解的动植物尸体组成，它对涵养水源具有特别重要的作用。它像海绵体一样，吸收林内降水并加以蓄存。蓄水量一般以降雨的截留量和持水量指标来衡量。所谓截留量是指落到林地表面的雨水。有一部分被枯枝落叶层截留、吸收后随即蒸发到大气中的这部分水量；持水量是指枯枝落叶层最大的蓄水量。枯枝落叶层的最大的持水量一般为其自身质量的 2 ～ 4 倍。

### 3. 森林与洪水的关系

森林与洪水成一定的相关关系，具有减缓洪水的作用。这种减洪作用是通过降水截留，森林的蒸腾、蒸发，森林土壤的水分渗透，延长融雪时间，减少地表径流等功能来实现的。比如 1998 年夏季我国长江、嫩江支流诺敏河、雅鲁河、绰尔河、洮儿河、乌裕尔河等流域及松花江发生了历史上罕见的特大洪灾，受灾范围遍及全国 29 个省（区、市），由此造成的直接经济损失达 2000 多亿元（而新中国成立以来至 1997 年累计，全国林业基本建设投资总额仅为 588 亿元）。其重要的原因就是多年来松嫩流域的原始森林遭到严重破坏，使森林覆盖率由 51% 下降到 27.6%，林缘后退 20 多 km，垦植指数已超过 0.8，径流系数下降。由此可见森林具有重要滞洪能力。据估算每 $hm^2$ 森林土壤（1m 深）可贮水 500 ～ 2000$m^3$，它们一部分转化为地表径流，另一部分成为河道径流的主要补充者。资料表明，森林的覆盖率每增加 1%，河流的径流量增加 9.4 ～ 11.9mm 的降水量。

以上足以表明森林涵养水源的功能对水资源的分布具有十分重要的作用，森林是调节水分分布的天然调控器。

### （三）森林的纳碳吐氧价值

森林的纳碳吐氧的功能，对于人类社会和整个生态系统以及全球的气候平衡都具有十分重要的意义。森林生态系统通过吸收空气中的 $CO_2$，通过光合作用，生成葡萄糖等碳

水化合物并放出 $O_2$。其化学方程式为：

$$6CO_2 + 12H_2O = C_6H_{12}O_6 + 6O_2 + 6H_2O$$

由此方程式可算出：每得到植物干物质 1g，需要 $CO_2$ 的量 1.62g，同时释放 $O_2$ 的量 1.2g。

### 1. 森林的纳碳功能

森林生态系统对维护大气中的 $CO_2$ 的稳定具有重要作用。因为，$CO_2$ 是树木光合作用的主要原料，由于树木中的叶绿素可以吸收空气中的 $CO_2$ 和 $H_2O$，并将其转化成葡萄糖等碳水化合物，将光能转化为生物能储存起来，同时释放出 $O_2$。一般来说，树叶通过光合作用，每形成葡萄糖 1kg，就必须吸收相当于 250 万 L 空气所含 $CO_2$ 的量，以此可以估算，$1hm^2$ 阔叶森林，一天可以消耗空气中 $CO_2$ 的量 1t；以此推算 $10m^2$ 面积的森林可以吸收一人呼出的 $CO_2$，$1hm^2$ 森林就可以满足 937 人所需的 $O_2$。由此可见，森林就像一个调节器，对空气中的 $CO_2$ 和 $O_2$ 的调节是十分有效的。许多科学家还认为，随着工业的迅速发展，特别是化石燃料的大量燃烧，人类排放出大量的 $CO_2$ 导致全球气温变暖。当空气中的 $CO_2$ 增加时，大气层就像棉被覆盖在地球表面，既吸收太阳能，又阻止地球放射能量，致使近地气温升高。这就是所谓的 $CO_2$ 的温室效应，$CO_2$ 也成为温室气体。因 $CO_2$ 产生温室效应的严重性，使得人们对森林的纳碳功能尤为重视。

### 2. 森林的吐氧功能

$O_2$ 是人类以及所有生物生存不可缺少的物质。$O_2$ 也是空气的重要组成部分，在标准状态下，按体积计算，$O_2$ 占空气的 20.95%。人需要呼吸空气来维持生命。总喜欢到树密林丰，山清水秀的森林中去休闲、度假，其原因也是因为这儿有足够的新鲜氧气。森林等绿色植物是影响氧元素在自然界循环的一个重要环节，是制造氧气的绿色工厂。据测定，$1hm^2$ 阔叶林在生长季节，每天能够生产 720 kg 氧气。据估计，地球上的 60% 以上的 $O_2$ 来自陆地上的森林等植被。

### （四）森林保持水土流失的价值

清朝文学家梅曾亮曾经有过这样的描述："……未开之山，土坚石固、草树茂密，腐叶积数年可二三寸。每天雨，从树至叶，从叶至土石，历石罅，滴沥成泉。其下水也缓，又水下而土石不随其下。水缓故低田不成灾，而半月不雨，高田尤受其浸溉。今以斧斤童其山，而以锄犁疏其土，一雨未毕，沙石其随下，奔流注壑，涧中皆填淤不可贮水，毕至洼田乃中止，及洼田竭，而山田之水无继者……"（《记棚民事》）由此言出森林对保土功能的形象概括，说明当时的人们对这种生态功能已有较深的认识。

森林的郁闭度对保土功能影响很大。通常认为郁闭度为 0.6 是分水岭，郁闭度大于 0.6 时基本不会发生土壤侵蚀，而郁闭度小于 0.6 时会发生土壤侵蚀。森林的保土功能主要表现在三方面：一是森林对降水的截留作用。森林的树冠及地表植被可以截留一部分雨水，减弱雨滴对地表的直接冲击和侵蚀。二是森林土壤透水性能和蓄水性能。由于森林中土壤含有大量的腐殖质，具有较高的透水性能和蓄水性能，可以减少地表径流及其速度，从而减少土壤的侵蚀。三是树木根系对土壤的固结作用。在森林土壤中，树木根系纵横交错，盘根错节，像网一样加固斜坡并固定陡坡坡麓积物，防止滑落面的形成，从而减少滑坡、泥石流和山洪暴发。

森林一旦遭到破坏，其保土功能将削弱甚至消失，由此产生一系列的严重后果，主要表现为：第一，水土流失使大量土地荒漠化。由于大量肥沃土壤流失，使土地贫瘠，荒漠化现象十分突出。据报道，因水土流失的土壤，印度为 6 亿 t/a，我国则为 50 亿 t/a。全国水土流失总面积达到 356 万平方公里，约占国土面积的三分之一。如此高速的水土流失，加速了土地荒漠化。目前，世界上已经荒漠化和受其影响的土地总面积已达 3843 万 $km^2$，土地平均以 $10hm^2/min$ 的速度变成荒漠。第二，土地养分流失，肥力下降。每年被土壤带走的有机物质和 N、P、K 等营养物质相当于我国一年生产的 4000 万 t 化肥所含的营养物质量，仅肥力损失每年即达上百亿元。养分损失的后果，不仅导致土地肥力下降，影响农业生产，而且导致水源水质污染，促进河流湖泊富氧化的发生。为了维持土地的生产力，必须要加大化肥等物质的投入，这又进一步带来新的损失。第三，水利工程受泥沙淤积之害，使用寿命缩短。我国由于水土流失使河流湖泊淤积，内河通航里程由 20 世纪 60 年代的 17.2 万 km 减少到如今的 10.8 万 km，减少了 37%。此外，淤积使河床抬高，湖泊水库容积减少，湖泊水库调蓄功能下降，加大洪涝的灾害风险。

### （五）森林的生物多样性价值

森林是陆地物种基因库，森林生态系统在维护生物多样性方面起到十分重要的作用。如热带生态系统拥有地球上最丰富的物种。它们覆盖不到 10% 的地球表面，却包含有 50% 以上的世界物种。地球上约 1000 万个物种中，就有 200 ～ 400 万种物种都生存在热带、亚热带森林中。近年来由于热带雨林的退化，每天有 137 种动植物正在消失，相当于每年丧失 5 万多物种。

近百年来，随着人口的急剧增加和工农业的迅速发展，世界生物多样性受到严重的挑战和威胁。据估计，世界上有 10% ～ 15% 的物种受到威胁；中国受到威胁的物种数比例比世界平均水平高 10% ～ 15%。在我国所有的动植物物种中，处于濒危状态的占到 15% ～ 20%。在《濒危野生动植物种国际贸易公约》列出的 640 个世界濒危物种中，我国占 156 种，约占其总数的四分之一。物种灭绝不能复生，物种变化会打破整个系统的相对稳定，给其他物种带来严重影响，对人类发展，将造成无法挽回的损失。

### （六）森林净化环境污染的价值

森林等绿色植物将所吸收的环境化学物质转变成生物体本身的有机物质，这个过程称之为生物合成作用。森林等生物通过代谢作用将生物体的有机物质转化为无机物或简单的有机物，这个过程称为矿化作用，即生物的分解作用。这种生物的合成作用和矿化作用所引起的污染物周而复始的循环过程称为污染物的生物地球化学循环。相对于地质的大循环而言，这种过程的循环区域范围很小，故称为生物小循环。森林常常会将污染物吸入体内，污染物在空气、水、土壤中与森林等生物体之间交换便引起污染物生物的地球化学循环。在这个循环过程中，同时伴随着污染物的迁移、转化、分散、富集的过程，因而污染物的形态、化学组成也就发生变化。森林净化环境污染的功能主要表现为吸收污物、阻滞防尘、消灭病菌和降低噪声四个方面。

### （七）森林的游憩价值

森林可以为人们提供游憩场所，是其重要的生态功能。这种功能不仅能改善人民的生活，也能丰富人们的精神世界。近年来，随着人们物质文化生活水平的不断提高，旅游业成为国民经济快速发展的新的增长点。旅游可以分为生态旅游和非生态旅游两大类，森林游憩也在生态旅游中占有相当重要的地位，森林作为森林公园、自然保护区等自然景观的主要构成者，其游憩价值十分巨大。

在法国，仅枫丹白露森林每年吸引的森林游憩者就多达 1 000 万人次，其中 70% 集中在周末及节假日。森林游憩的内涵也被大大地扩展了。游人对森林地区的利用已远远超出了"审美"这一单纯形式。森林地区不再只是林业工作者和具有较高美学修养的人的宠物，而是已经成为不同年龄，不同文化素养，不同社会背景的各种群体向往的天堂。

我国的森林公园建设大致经历了两个阶段，第一个阶段是从 1982 年至 1990 年，以我国第一个森林公园——张家界国家森林公园的建成为起点。以后逐步扩大到成立泰山森林公园，千岛湖森林公园，嵩山森林公园，黄山森林公园。以此带动交通业、餐饮业、加工业、种植业、零售业等的大力发展。

# 第二节　生态学原理

## 一、生态学概述

生态学大致包括种群、群落、生态系统和人与环境的关系四个方面的内容。一个种群所栖环境的空间和资源是有限的，只能承载一定数量的生物，承载量接近饱和时，如果种群数量（密度）再增加，增长率则会下降乃至出现负值，使种群数量减少；而当种群数量（密度）减少到一定限度时，增长率会再度上升，最终使种群数量达到该环境允许的稳定水平。在一定的环境条件下，种群数量有保持稳定的趋势。一个生物群落中的任何物种都与其他物种存在着相互依赖和相互制约的关系。生物群落表现出复杂而稳定的结构，即生态平衡，平衡的破坏常可能导致某种生物资源的永久性丧失。居于相邻环节的两物种的数量比例有保持相对稳定的趋势，否则就要发生竞争，如植物间争光、争空间、争水、争土壤养分。在长期进化中、竞争促进了物种的生态特性的分化，结果使竞争关系得到缓和，并使生物群落产生出一定的结构，如森林中既有高大喜阳的乔木，又有矮小耐阴的灌木，各得其所；林中动物或有昼出夜出之分，或有食性差异，互不相扰。物种间的相互依赖的关系使它们互利共生。

生态系统中，能量不停地循环流动。生态系统的代谢功能就是保持生命所需的物质不断地循环再生。环境中物质循环，生物间的营养传递，生物与环境间的物质交换，生命物质合成与分解。

人们在生产中因势利导，合理开发生物资源，如果只顾一时，竭泽而渔就会破坏环境和生态平衡，带来生态灾难。目前世界上已有大面积农田因肥力减退未得到及时补偿而减产；环境污染严重，大量有毒的工业废物进入环境，超越了生态系统和生物圈的降解和自净能力，因而造成毒物积累，损害了人类与其他生物的生活环境。人类做了不少违背自然规律的事，损害了自身利益。如对某些自然资源的长期滥伐、滥捕、滥采造成资源短缺和枯竭，从而不能满足人类自身需要，而且使人类自身的生存受到威胁。

## 二、生态系统

生态系统是指生物（包括植物、动物、微生物和人类）和它们赖以生存的环境通过物质循环和能量流动相互作用、互相依存的一个有机系统。人类生活的生物圈内，由大大小小无数个生态系统组成。有城市生态系统、农村生态系统、草原生态系统、森林生态系统、海洋生态系统、河流生态系统等。而这些生态系统都不是孤立的，而是相互影响、相互作用、相互消长的，它们紧密结合起又构成一个更大的生态系统。

生态系统中，非生命物质构成动植物赖以生存的环境条件。生产者是生态系统中最积极的因素，它们利用太阳能并从周围环境中摄取无机物合成有机物，以供自身和其他生物营养需要。消费者只能依赖生产者生产有机物为营养来获取能量。依物质不灭定律，这些消费者死亡后，由分解者分解成简单的无机物，还给大自然，又供生产者（绿色植物）再次利用。所以生态系统中，这些有机物、无机物、有生命物质、无生命物质永远循环，相互转化，才能形成丰富多彩的大自然，世世代代，生生不息。

在动物的生态价值的关键部分，主要是食物链和营养级（生态系统三大基本功能：能量流动，物质循环，信息传递）。而食物链和营养级是实现这些功能的保证。食物链又称食物网。

### （一）食物链（网）

食物链，指生物圈中的各种生物以食物为联系建立起来的链锁，就是一种生物以另一种生物为食，彼此形成一个以食物连接起来的链锁关系。在生态系统中，食物关系往往很复杂，各种食物链彼此互相交织在一起，形成复杂的供养关系组合，我们称之为食物网。能量的流动、物质的迁移和转化，就是通过食物链和食物网进行的。食物链由生产者（树、草、庄稼等）、一级消费者（兔、鼠、鸟等草食动物）、二级消费者（蛇、猫头鹰等肉食动物）、三级消费者（狮、虎、豹等肉食动物）、分解者（微生物）组成一个有机的互相依赖又互相控制的大循环链条。链条中的任何一个环节断裂，都会引起整个食物链的崩溃，使生态系统出现严重问题。

### （二）营养级

食物链上的每一个环节称为营养级。简单的食物链只有 2 个营养级，通常一个食物链由 4～5 个营养级组成，一般不超过 6 级。各营养级上的生物不会只有一种。凡在同一层次上的生物都属于同一营养级。由于食物关系的复杂性，同一生物也不可能隶属于不同的营养级。低位营养级是高位营养级的营养和能量的供应者。但某一级营养级中储存的能量只有 10% 左右能被其上一营养级的生物利用。其余大部分能量消耗在该营养级生物的呼吸作用上，并以热量形式释放到环境中，这就是生态学上的 10% 定律。

### （三）食物链的稳定性

所谓稳定是指一个环境里的生物总数（种群所有个体的数目），大体保持一个恒量。越复杂的食物网越趋于稳定，越简单的食物网则越容易出现波动。

食物链在生态系统中起着重要的作用。从太阳能开始，自然界的能量经过绿色植物的固定，沿着食物链和食物网流动，最终由于生物的代谢，死亡和分解，而以热的形式逐渐扩散到周围空间中去。自然界中的各种物质，经过由植物摄取也沿着食物链和食物网的移动并且浓缩，最终随着生物的死亡，腐烂和分解返回无机自然界。由于这些物质可以被植物重新吸收和利用，所以它们周而复始，循环不已。

重金属元素和一些有毒的脂溶性物质性质稳定，难以分解，虽然起初在环境的浓度很低，但可以在生物体内逐渐累积，并通过食物链逐级放大，这一现象称为富集作用。人类往往处于食物链的顶端，有毒物质沿食物链浓缩，最终受害的是人类。

良好的生态系统通过物质循环维持自然界的能量流动和信息传递。因此，生态系统的稳定性显得十分重要。一切生物一旦脱离了生态系统，或环境受到破坏，生命将不复存在。生物和环境之间通过食物链的能量流、物质流和信息流保持联系。一旦食物链发生故障，能量、物质、信息的流动出现异常，生物的存在也将受到严重威胁。维持生态系统的平衡，是保持生态系统稳定性和保证生物生存的关键条件。而现在世界各地，生态系统由于人类对自然资源严重破坏而逐步退化，功能降低；生物多样性减少；资源丧失；生产力下降；食物链简单化；生物利用和改造环境能力弱化；物质循环、能量流动出现障碍。这既有自然的原因，也而人类的干扰。对森林乱砍滥伐，过度放牧，乱捕滥猎，过度采挖野生动植物，环境污染，火灾战争，都是破坏生态系统的直接原因。对生态系统的破坏，必将给人类的生存和发展带来严重的后果。物质循环出了问题，地球将难以再承载人类的需求。因此，生态系统的恢复和重建不得不提到人类的重要议事日程上来。

### （四）生态系统的特征

生态系统有其特定的生物群体和生物栖息的环境，进行着能量交换和物质循环。因此，生态系统有相当典型的特征：

#### 1. 生态系统是一个由生物与非生物组成的空间

该地区和一定范围内，生态系统反映该地区特性及空间结构，以生物为主体，多维空间结构构成网络系统。

#### 2. 生态系统复杂和有序

生态系统是由多种生物成分和非生物成分形成的统一整体。由于自然界中生物的多样性和相互关系的复杂性，决定了生态系统是一个极其复杂并由多要素、多变量构成的系统，而且不同变量及其不同的组合，以及这种不同组合在又构成了很多亚系统。亚系统多样化，各亚系统之间还存在着一定秩序的相互作用。

### 3.生态系统的功能体系完整

生态系统中各种能量的流动，绿色植物通过光合作用把太阳能转变为化学能贮藏在植物体内，然后再转给其他动物，这样营养就从一个取食类群转移到另一个取食类群，最后由分解者重新释放到环境中。在生态系统内部生物与生物之间，生物与环境之间不断进行着复杂而有规律的物质交换。这种物质交换周而复始地不断地进行，能量消长达到平衡，这就是我们称为的生态系统平衡。

### 4.生态系统开放，与其他因素相互影响

生态系统中，不断有物质和能量的流进和输出。一个自然生态系统中的生物与其环境条件是经过长期进化适应，逐渐建立了相互协调的关系。但如果这种协调出了差错，生态系统就会失去平衡，导致生态破坏，产生环境问题。

## 三、生态安全

### （一）生态安全的概念

20世纪科学技术的长足发展，人类活动在广度、深度与力度等方面都突飞猛进，极大地改善了人类的生存状况和生活质量。然而，人类在利用与改造自然过程中，其利与害均得到了同步增长与扩大，随着工业文明"天使"的降临，人类也不可避免地打开了罪恶的盒子，各种"魔鬼"（灾难）接踵而至。由于人口激增和城市膨胀，过度消耗使自然资源遗产出现了巨大赤字，生存环境普遍恶化，主要表现为粮食短缺、资源枯竭、土地沙漠化、森林覆盖率降低、生物多样性锐减、全球气候变暖、臭氧层破坏、酸雨腐蚀和有毒废料发生全球转移等，构成所谓的全球生态环境问题。

所谓生态安全是指一个生态系统的结构是否受到破坏，其生态功能是否受到损害。当一个生态系统所提供的服务的质量或数量出现异常时，则表明该生态系统的生态安全受到威胁，处于生态不安全状态。因此安全包含两重含义：其一是生态系统自身是否安全，即其自身结构是否受到破坏；其二是生态系统对人类是否安全，即生态系统所提供的服务是否满足人类生存需要。生态安全是国家安全的重要组成部分，是国防安全、政治安全和经济安全的基础。

生态安全同时也是指在人们的生活、健康、安乐、基本权利、生活保障来源、必要资源、社会秩序和人类适应环境变化的能力等方面不受威胁的状态，包括自然生态安全、经济生态安全和社会生态安全组成的一个复合人工生态系统。

生态安全具有以下内涵：①生态安全是人类生存环境或人类生态条件的一种状态。或者更简单地说，是一种必备的生态条件和生态状态。也就是说，生态安全是人与环境关系过程中，生态系统满足人类生存与发展的必备条件；②生态安全是一个相对的概念。

没有绝对的安全，只有相对安全。生态安全由众多因素构成，其对人类生存和发展的满足程度各不相同，生态安全的满足也不相同。若用生态安全系数来表征生态安全满足程度，则各地生态安全的保证程度可以不同。因此，生态安全可以通过建立起反映生态因子及其综合体系质量的评价指标，来定量地评价某一区域或国家的安全状况；③生态安全是一个动态概念。一个要素、区域和国家的生态安全不是一劳永逸的，它可以随环境变化而变化，即生态因子变化，反馈给人类生活、生存和发展条件，导致安全程度的变化，甚至由安全变为不安全；④生态安全强调以人为本。安不安全的标准是以人类所要求的生态因子的质量来衡量的，影响生态安全的因素很多，但只要其中一个或几个因子不能满足人类正常生存与发展的需求，生态安全就是不及格的。也就是说，生态安全具有生态因子一票否决的性质；⑤生态安全具有一定的空间地域性质。真正导致全球、全人类生态灾难不是普遍的，生态安全的威胁往往具有区域性、局部性；这个地区不安全，并不意味着另一个地区也不安全；⑥生态安全可以调控。不安全的状态、区域，人类可以通过保护，采取措施，加以减轻，解除环境灾难，变不安全因素为安全因素；⑦维护生态安全需要成本。生态安全的威胁往往来自人类的活动，人类活动引起对自身环境的破坏，导致生态系统对自身的威胁，解除这种威胁，人类需要付出代价，需要投入。

生态安全的研究是对可持续发展概念的补充和完善。可持续发展的概念在强调环境与发展的关系时，更多的是从人类的需求角度出发的；在考虑人类安全与自然生态安全时，优先考虑的是人类安全，尽管可持续发展也要求保护自然生态的健康，但这种保护总是显得被动和效果不佳。而生态安全从一开始就将人类安全和自然生态安全放在同等重要的位置上，并视为一个共同体，要求在人类安全和自然生态安全之间找到均衡点，这就从根本上改变了自然保护的被动性和效果不佳的局面。因此，它是可持续发展概念的进一步完善，使其不再局限于环境与发展上，包括了环境、发展、伦理、文化、和平与安全等范畴。不仅要协调人口、环境、资源与发展的关系；考虑代内公平与代际公平、人与自然协同进化的伦理道德；维护和发展丰富灿烂的传统文化；还应注重和平与安全。因此，生态安全将安全这一基本需求突出出来，是对可持续发展概念的一个补充。生态安全是可持续发展的目标，又是实现可持续发展的保障，进行生态安全研究的目的也是实现可持续发展，没有生态安全就没有可持续发展。生态环境问题逐步上升发展成为生态安全问题。

生态安全问题已经不是生态学理论称之为纯粹生态系统安全问题，而是一个涉及环境安全、健康安全、经济安全、社会安全和国家安全等的公共安全问题。生态安全已经成为 21 世纪各国政府的重要职责和目标。由于生态环境影响跨地域、跨国界，许多西方国家已将确保健康的环境质量和充足的自然资源以立法的形式纳入其国家利益和国家安全的范畴之内。而今处于经济快速、稳步发展的中国，在人口、资源、环境、生态安全等问题更是日益突出，生态安全问题已经成为影响我国国家安全的重大问题。因此，构建我国生态安全法律体系和针对生态安全问题做出法律对策已迫在眉睫。

### （二）生态安全问题给国家造成的威胁

#### 1. 直接影响我国公民的生存和健康

生态环境直接关系到人类的生存与繁衍以及人类社会的发展，也关系到地球上所有的生物的生存。如果一个国家或地区的生态系统遭到破坏使人们失去了生存的条件，使其被迫异地安置，成为"生态移民"。如：内蒙古阿拉善盟由于居延海干涸，迫使2.5万名牧民离乡背井。但无论人们迁徙到何处，都将耗费自然资源，都会不同程度地给自然环境带来压力。生态环境的破坏不仅给当代人造成巨大的生命财产损失，还会造成生态问题的代际转嫁，给子孙后代带来不可逆转的深重灾难，最终危及整个国家和民族的安全与发展。

#### 2. 增加他国动植物病害在我国的传播风险

虽然我国还尚未出现严重的非本土动植物病害疫情，但近年来在一些国家发生的口蹄疫和疯牛病传播的事实，预示着随着基因工程技术的推广、关税的降低和非技术性贸易壁垒的取消及贸易渠道的多元化，转基因产品与作物的贸易量在一段时期内必会有一个较大的增长，从而提高了国外动植物的病害在我国传播蔓延的风险。

#### 3. 生物技术发挥效率优势的同时带来国家安全问题

生物技术在我国是一个全新领域，目前在医药、工业、农业生产、资源开发利用、环境保护等领域取得突飞猛进的发展。生物技术在发挥效率优势的同时带来了国家生态安全问题。生物技术对生态安全带来的主要有三方面的风险，即生态风险、健康风险和伦理风险。生态风险主要指不当的外来物种引起的，通过直接捕食、与当地物种竞争基础资源（食物、水、营养、阳光等），通过杂交将基因释放到本地物种基因库、病原体直接侵入引起疾病传染等途径，可能形成生物物种的灭绝。据估计对外来物种所引起的经济损失统计，我国平均每年引起的损失达574亿元人民币。健康风险是指生物技术在使用或产品消费时对人体健康可能引起的接触安全和食用安全。

#### 4. 国际环境贸易竞争对我国新兴环保产业冲击巨大

环保产业是防治污染和生态破坏的物质基础，是当代产业结构调整面向生态安全的重要途径。我国是一个环境贸易市场极具潜力的国家，必将成为发达国家争夺的对象；但由于我国经济与科技落后，环保产业起步晚、起点低、规模小，产品单一、技术含量低，缺乏国际竞争力。环保产业无法作为幼稚行业加以特殊保护，而直面国际市场竞争。

在市场准入、非歧视待遇的情况下，国际资本利用其资金、技术、管理、规模诸方面的优势，可以通过竞争挤占甚至全面控制我国环保产品及服务市场份额，迫使我国为数众多的中小型环保企业遭遇被兼并、转产或停产关闭的威胁；并在知识产权保护措施影响下，阻止向我国转让清洁生产技术、污染防治技术及资源综合利用和"三废"处理技术，从而阻碍我国新兴环保产业的顺利发展，造成实质性损害。

## 三、生态保护概述

### （一）生态保护的方针与原则

#### 1. 生态保护的方针

21世纪初在长春市召开了全国自然保护区工作会议。在这个会议上提出了我国自然保护工作的方针，即"全面规划、积极保护、科学管理、永续利用"。新时期生态保护以科学发展观为指导，以加快实现环境保护工作历史性转变为契机，以维系自然生态系统的完整和功能、促进人与自然和谐为目标，实施分区分类指导，重点抓好自然生态系统保护与农村生态环境保护，控制不合理的资源开发和人为破坏生态活动。加强生态环境质量评价，提高监督管理水平，为全面建设小康社会提供坚实的生态安全保障。

#### 2. 生态保护的原则

（1）预防为主，保护优先

坚持预防为主的方针，通过经济、社会和法律手段，落实各项监管措施，规范各种经济社会活动，防止造成新的人为生态破坏，对生态环境良好或经过恢复重建之后的生态系统进行有效保护。同时，要坚持治理与保护、建设与管理并重，使各项生态环境保护措施与建设工程长期发挥作用。

（2）分类指导，分区推进

我国地域差异显著，各地自然生态环境条件、社会经济发展水平和面临的生态环境问题各不相同，需要因地制宜地采取相应对策和措施，分区、分阶段有序开展工作。结合国家四类主体功能区的划分，引导各省优化资源配置与生产力空间布局，按照优化开发、重点开发、限制开发和禁止开发的不同发展要求，在发展经济的同时，切实保护生态环境。

（3）统筹规划，重点突破

生态环境问题成因复杂，许多历史遗留问题难以在短期内解决，必须进行近远期、部门间、城乡间的统筹考虑和规划。优先抓好对全国有广泛影响的重点区域和重点工程，力争在短时期内有所突破，取得成功的经验后，通过制定相关政策予以推广，形成规模效应。

（4）政府主导，公众参与

生态保护是公益事业，政府应发挥主导作用，制定相关的法规、标准、政策和规划，在一些重要流域与区域由政府主导实施保护和建设。同时，生态环境与每个人息息相关，须建立和完善公众参与的制度和机制，鼓励公众参与生态环境保护活动。

## （二）生态保护的任务

生态保护的目的是保护人类赖以生存的生态环境，使人类活动增强预见性和计划性，克服对自然资源利用的盲目性和破坏性，使人类能够主宰自己的命运，实现可持续发展。为此确定了生态保护的三大目标：保护生命支持系统和重要的生态过程；保存遗传基因的多样性；保证现有物种与生态系统的永续利用。为了达到上述目标，生态保护有以下十项具体任务：①确保可更新自然资源的持续存在；②确保和维持自然生态系统的动态平衡；③确保物种的多样性和基因库的发展；④保护脆弱而有典型代表性的生境；⑤保护珍贵稀有的野生动植物的种类；⑥保护水源的涵养地；⑦保存有科学和学术价值的研究对象和场所；⑧保护野外休养地和娱乐场所的环境；⑨保护乡土景观生态；⑩保护农业生态系统与农业自然资源。

## （三）我国生态保护法规

### 1. 生态保护法规建设方面存在的问题

（1）法律制度还不够完善

我国生态保护法规已成体系，但仍不够完善，有些国家制定并颁布了《自然保护法》，主要内容是保护自然生态系统整体。我国目前还没有类似的法规，需要进一步完善。

（2）法治观念薄弱

有些人习惯于生态环境和自然资源是大自然提供的，任何人都可以随意无偿开发利用，不愿意接受法律约束。

（3）执法不严的现象仍然存在

在生态保护中，有法不依、执法不严等现象仍然存在。有些执法机关对生态保护法规的实施重视不够，也导致执法不严的现象发生。

### 2. 加强生态保护的法治建设

（1）完善立法

加强立法工作，把生态环境保护纳入法治化轨道。尽快制定《自然保护区法》《土壤污染防治法》《转基因生物安全法》《生态保护法》等法律，制定《生物遗传资源管理条例》《物种资源保护条例》《畜禽养殖业污染防治条例》《农村环境保护条例》等有关法规。加快建立生态保护标准体系，包括土壤环境质量标准、城市与农村生态环境质量评价标准、生物多样性评价标准、转基因生态环境风险评估标准、外来入侵物种环境风险评估标准、生态旅游标准、矿山生态保护与恢复标准、地表水资源开发生态保护标准、自然保护区分类标准等。制定矿山、畜禽养殖、自然保护区等生态环境监察工作规范。制定相关法规，保障生态环境，保护规划的权威性。

（2）强化法治宣传

抓好生态保护法治宣传，使群众提高法制观念，使各地领导增强生态意识和法治意识，依法保护生态、管理生态。发挥新闻媒体的宣传和监督作用。要积极宣传国家生态环境保护相关方针政策、法律法规，公开生态环境执法典型案例，通过案例教育群众，普及生态知识，提高公众保护生态环境的自觉性。

（3）严格执行

强化生态保护的监督机构和制定，加强公、检、法的执法作用，违法必究，执法必严。严格依据法律规定严惩破坏生态、破坏资源、破坏野生生物的行为。

## 四、生态系统管理

### （一）生态系统管理的概念

人类社会的可持续发展归根结底是一个生态系统管理问题，即如何运用生态学、经济学、社会学和管理学的有关原理，对各种资源进行合理管理，既满足当代人的需求，又不对后代人满足其需求的能力构成损害。20世纪80年代后，关于生态系统和管理方面的研究论文大量出现，在这些专著中，都阐述了资源开发与环境保护关系问题，以此来取得社会、经济、生态效益的统一。自此，生态系统管理的基本框架形成。

在生态系统管理发展的过程中，不同机构与学者对生态系统管理有着不同的定义：利用生态学、经济学、社会学和管理学原理仔细地和专业地管理生态系统的生产、恢复，或长期维持生态系统的整体性和理想的条件、利用、产品、价值和服务。

生态系统管理要求考虑总体环境过程，利用生态学、社会学和管理学原理来管理生态系统的生产、恢复或维持生态系统整体性和长期性的功益和价值。它将人类需求、社会需求、经济需求整合到生态系统中。

有明确的管理目标，并执行一定的政策和规划，基于实践和研究并根据实际情况作调整，基于对生态系统作用和过程的最佳理解，管理过程必须维持生态系统组成、结构和功能的可持续性。集中在根本功能复杂性和多重相互作用的管理，强调诸如集水区等大尺度的管理单位，熟悉生态系统过程动态的重要性或认识到生态过程的尺度和土地管理价值取向间的不相称性。在对生态系统组成、结构和功能过程加以充分理解的基础上，制定适应性的管理策略，以恢复或维持生态系统整体性和可持续性。考虑了组成生态系统的所有生物体及生态过程，并基于对生态系统的长期最佳理解的土地利用决策和土地管理实践过程。生态系统管理包括维持生态系统结构、功能的可持续性，认识生态系统的时空动态，生态系统功能依赖于生态系统的结构和多样性，土地利用决策必须考虑整个生态系统。

生态系统管理的基础是人类对于生态系统中各成分间的相互作用和各种生态过程的最好的理解。这就是说，只有充分地了解生态系统的结构和功能，包括种种生态过程，并根据这些规律性和社会情况来制定政策法令和选定各种措施，才能把生态系统管理好。

## （二）生态系统管理的基本原则

生态系统管理是以人为主体的管理行为，因为人既是生态系统的重要组分（被管理者），又是管理的实施者，管理是靠人来执行和实现的。因此，管理的一项重要原则就是人在生态系统中的双重性原则。只有加强规范人的行为的法规、政策和制度的建设，提高全人类的环境保护意识，树立可持续发展观念，才能真正实现可持续的生态系统管理。生态系统管理应遵循以下原则：

### 1. 整体性原则

整体性是生态系统的基本特征，各种自然生态系统都有其自身的整体运动规律，人为地、随意地分割都会给整个系统带来灾难。因此，在管理中要遵循系统的整体性原则，切忌人为切割。

### 2. 动态性原则

生态系统的发育是一个动态的过程，是一个演替过程，包括正向演替或逆向演替。即使没有人为干扰，也始终处于动态变化之中。生态系统中生物与生物、生物与环境相联系，使系统输入和输出过程中维持需求的平衡。特定生态系统的功能总是和周围生态系统相互影响，在不同的时间和空间尺度上发生着各种生态过程。

### 3. 再生性原则

生态系统最显著的特征之一是具有很高的生产能力和再生功能。其主要组分——生产者，为地球上一切异养生物提供营养物质，是全球生物资源的营造者。异养生物对初级生产的物质进行取食加工和再生产，通过生态系统的多种功能流，如物质流、能量流等，形成次级生产。初级生产和次级生产为人类提供了几乎全部的食品、工农业生产的原料以及医药等。生态系统的这种生产能力和再造性，在管理中必须得到高度的重视，从而保证生态系统提供充足的资源和良好的服务。

### 4. 多样性原则

生物多样性是生态系统持续发展和生产力的核心，其重要作用包括三个方面：生物多样性在复杂的时空梯度上维持生态系统过程的运行；生物多样性是生态系统抗干扰能力和恢复能力的物质基础；生物多样性是生态系统适应环境变化的物质基础。

### 5. 循环利用性原则

生态系统中有些资源是有限的，而非"取之不尽，用之不竭"。因此在进行管理时要遵循经济、生态规律。

### 6. 平衡性原则

生态系统健康是生态系统管理的目标，一个健康的生态系统常处于稳定和自我调节的状态，生态系统各部分的结构与功能处于相互适应与协调的动态平衡。生态系统自我调节能力受生态阈限的制约。当外界干扰或胁迫超过系统的承载力或容量极限时，生态系统的结构和功能遭到破坏，系统失衡，严重时系统衰败，甚至崩溃。为此，需要对生态系统各项功能指标（功能极限、环境容量等）加以认真分析和计算，通过合理的人为管理，减缓外界压力，以保持系统的健康和平衡。

### （三）生态系统管理的内容

生态系统管理的内容包括：①向立法者、政策制定者、决策者，解释清楚其行为对区域生态系统甚至是生物圈的潜在影响；②依靠控制污染或改变营养物或污染物向大气圈、水域、土壤或更直接地到植被的输入来调节化学条件；③调节物理参数，如通过大坝来控制水的排放或者控制盐水侵入沿岸蓄水区；④改变生物间的相互关系，如控制放牧和捕食强度以防止灌木和树木侵入草地和灌丛，或者依靠火来干涉植被的发展和动态；⑤控制人类对化学制品和其他制品的使用，如限制化肥和杀虫剂使用，调节渔网网孔大小；⑥在考虑保护利益时介入文化、社会和经济过程，如提高农民的补贴以降低生态系统的负荷。

### （四）生态系统管理的要素

由于生态系统本身结构复杂、功能多样、不断变化等特点，在生态系统管理时需要考虑的要素较多。目前，人们在管理时主要考虑以下要素：①根据管理的对象确定生态系统管理的定义，该定义必须把人类及其价值取向整合进生态系统；②确定明确的、可操作的目标；③确定生态系统管理的时间和空间尺度。空间尺度的划分非常重要，如果管理区划分的边界和单位与生态系统过程的发生在空间上是一致的，则生态系统管理的实施会极大简化。在时间尺度上，要熟悉不确定性因素，并进行适应性管理，确保生态系统的可持续性；④收集适量数据，理解生态系统的复杂性和相互作用，提出合理的生态模式；⑤监测并识别生态系统内部的动态特征，确定生态学限定因子；⑥注意幅度和尺度，熟悉可忽视性和不确定性，并进行适应性管理；⑦确定影响生态系统管理活动的政策、法律和法规。⑧仔细选择和利用生态系统管理的工具和技术。⑨选择、分析和整合生态、经济和社会信息，并强调部门与个人间的合作。⑩实现生态系统的可持续性。

此外，进行生态系统管理时必须考虑时间、基础设施、区域大小和经费问题。

生态系统管理的科学基础是生态系统生态学、景观生态学、保护生物学和环境科学，还包括社会学、经济学和管理学等学科，因此，它要求生态学家、社会经济学家和政府管理人员的通力合作，但在现实生活中并不容易。生态学家强调政府部门和个人应该用生态学知识更深刻地理解资源问题，理解生态系统结构、功能和动态的整体性，强调要收集生物资源和生态系统过程的科学数据。社会经济学家更注重区域的长期社会目标，强调制定经济稳定和多样化的策略，尤其是少一些科学研究，期望生态系统的稳定性和确定性。而政府人员则考虑如何把多样性保护与生态系统整体性纳入法治体系，如何有效促进公共部门和私人协作的整体管理，如何用法律和政策促进生态系统的可持续发展。三者如果能实现全力合作，会使生态系统管理更为有效，真正实现资源与环境的可持续发展。

# 第三节　森林生态系统

## 一、森林生态系统

森林是由生物（包括乔木、灌木、草本植物、地被植物及多种多样动物和微生物等）与它周围环境（包括土壤、大气、气候、水分、岩石、阳光、温度等各种非生物环境条件）相互作用形成的统一体。因此，森林是一个占据一定地域的、生物与环境相互作用的、具有能量交换、物质循环代谢和信息传递功能的生态系统。森林生态系统是许多生态系统（如草原生态系统、湿地生态系统、海洋生态系统等）中最重要的生态系统。

森林生物群落与其环境在进行物质循环和能量转换，形成一个功能系统——森林生态系统。森林生态系统以乔木树种为主体，主要是乔木树种，通常还有灌木、草本、蕨类、苔藓、地衣等；还有昆虫、鸟类、各种动物，尤其有一些大型森林动物，种类相当丰富，还有微生物，它们把森林凋落物分解释放出矿物质元素归还于土壤，使土壤越来越肥沃，提高森林生态系统的生产力。森林生态系统在生物圈中面积大、结构复杂、对其他生态系统产生巨大影响。按照它在地域上的分布，我们将它分为热带林、亚热带林、温带林、寒温带林等生态系统，还可按林型分为更低级别的森林生态系统。它们有着不同的结构特征与能流、物流过程，因而有不同的生产力。

森林群落包含乔木、灌木、草本、真菌、软体动物、节肢动物、无脊椎动物与脊椎动物等生物成分，而无机环境则由太阳光（光能与温度）、氧气、二氧化碳、水分、矿物质元素与有机元素等非生命成分所构成。森林生态系统是由森林群落与无机环境所构成的复合体。在系统中生物与非生物环境之间进行着连续的能量转化、物质交换和信息传递，形成一定的结构。森林生态系统的特点是：

### （一）物种繁多

系统中的绿色植物包括乔木、灌木、草本、蕨类、苔藓和地衣，它们是有机物质的初级生产者，所生产的产品除本身的需要外，还供森林内所有其他生物赖以为生；系统中的动物有原生动物、蠕虫动物、软体动物、节肢动物与脊椎动物等，它们是生态系统中的消费者，形成食物链与食物网，为森林的发育与生态系统的稳定起到了重要的作用；分布在森林土壤中和地表的微生物，包括细菌、放线菌、真菌、藻类和原生动物等，作为生态系统中的分解者，直接参与森林土壤中的物质转化。森林植物所需要的无机养分的供应，不仅依靠土壤中现有的可溶性无机盐类，还要依靠微生物的作用将土壤中的有机质矿化，释放出无机养分来不断补充。因此，森林生态系统中的生物成分比其他任何生态系统都丰富。

### （二）结构复杂丰富

森林生态系统呈垂直结构，随着森林垂直结构的成层性，相应地环境因子也形成梯度变化，即光照、温度、湿度等都表现出明显的成层现象。植物种群每一层或层片中的成分，通常是由各个种群的异龄个体成员所组成。地面以上所有绿色部分为进行光合作用生产有机物质的生产层，在生产层的上部光照最充足，自养代谢最强烈，越往下光照越少，自养代谢也越低。植物、动物和微生物等生物种群的多样性既为自己提供了良好的栖息条件与丰富的食物资源，又使森林生态系统形成有机的平衡系统。

### （三）类型多样

森林生态系统既有明显的经纬向水平分布，又有山地的垂直分布带，森林植被与气候条件、地形地貌共同作用，形成不同的森林生态系统类型。就我国来说，从南往北有着热带雨林、季雨林（季风常绿阔叶林）、亚热带常绿阔叶林、暖温带落叶阔叶林、温带针阔混交林、寒温带落叶针叶林，以及青藏高原的暗针叶林等。各种不同类型的森林生态系统，形成多种独特的森林环境。

### （四）稳定性强

经过漫长的发展历史，才形成丰富多彩的森林生态系统。森林生态系统内部物种丰富、群落结构复杂、各类群落与环境相协调、群落中各个成分之间以及其与环境之间相互依存和制约、保持着系统的稳态。森林生态系统能自行调节和维持系统的稳定结构与功能。

### （五）功能健全

森林生态系统有其强大的功能，森林生物资源可以广泛为人类利用。森林可以提供木材，而木材是当今四大原材料（木材、钢铁、水泥、塑料）中唯一可以再生的材料。森林能提供多种多样的产品，诸如花卉、果品、油料、饮料、调料、野菜、食用菌、药材与林化产品等，是人们生活的重要物质。由于森林具有多层次空间结构，包括繁茂的枝叶组成林冠层，茂密的灌草植物形成的灌木层和草本层，林地上富集的凋落物构成的枯枝落叶层，以及发育疏松而深厚的土壤层，因此森林生态系统通过多层次空间结构截持和调节大气降水，发挥着森林生态系统特有的降水调节和水源涵养作用。森林能形成良好的森林小气候，它使系统中的生物物种能良好地生长，又对周边的农田、草地等生态系统产生良好的影响。森林能大量吸收利用空气中的 $CO_2$ 而对气候变暖有着较好的减缓作用。高大的林冠层与丰富的林下植物可以防风固沙、改良土壤。

## 二、森林生态系统与其他生态系统的关系

自然生态系统可划分为陆地生态系统和水域生态系统及湿地生态系统。森林生态系统属于陆地生态系统，它与其他生态系统有着密切的联系。

### （一）森林生态系统与草原生态系统的关系

草原处于湿润的森林区与干旱的荒漠区之间，靠近森林一侧，气候半湿润，草木茂盛，种类丰富；靠近荒漠一侧，雨量减少，气候变干，这样特殊的气候就形成了以各种多年生草本占优势的生物群落，我们称这样的生物群落为草原生态系统。草群低矮，种类组成简单。草原上降水量较少、地下水位较深，且常有较浅的钙积层，因而草原上没有大片森林。中国草原生态系统是欧亚大陆温带草原生态系统的重要组成部分，由于地形、地貌和气候的差异，由东向西分布为三个类型，即草甸草原、典型草原和荒漠草原。此外，在中国西北和西南地区，还有山地草原和荒漠草原、高寒草原等。森林—草原交错带是

地处森林带和草原带之间的过渡区，属于生物群区（biome）大尺度生态交错带（ecotone），以森林和草原两种植被共存为特点，具有很高的生物多样性。我国森林—草原交错带北起内蒙古东北额尔古纳河边的吉拉林，沿着大兴安岭西麓向西南方向延伸，经河北坝上高原、山西大同盆地、陕西黄土高原，到甘肃渭源一带结束。

由于地貌类型复杂多样，草原植被分布亦有差异，如乌兰察布高原，草原类型由典型草原向荒漠草原发展，在局部地区由于水热条件的改善，在草原分布区内镶嵌灌木灌丛地。在阴山山地，由于大气、水热等气候，随海拔高程而垂直分化，并因坡向、坡度等条件的不同，也会发生明显的局部差异，植被是垂直分布和其地形因素所造成的复杂分布。山地植被是由许多不同的植被类型按一定规律组合而成的植被复合体，有山地森林植被、山地灌丛植被、山地草甸等。分布于草原区的灌木林地或灌丛地以及草原边缘丘陵、山地的山地森林，对维护草原生态系统的稳定与畜牧业安全有着重要作用。一方面，这些森林或灌木林在受到外界干扰的情况下，易于发生改变，当干扰有利于森林的生长发育，森林或灌木林面积将会扩大，森林附近的草原生态系统湿润类型分布面积扩大，草场质量得以提高；另一方面，由于森林或灌木林的存在，林冠层是地球与大气最粗糙的内界面，增加了地表面的粗糙度，对气流的阻滞作用增强，有利于滞留沙尘，减轻草场沙化和退化。同时，森林和灌木林的存在，丰富了草原生态系统的生物多样性，更有利于草原生态系统内的能量与物质转化。这些森林或灌木林一旦遭到破坏，草原生态系统就会失去固有的稳定性，生物多样性减少。

山地森林或灌木林（丛）在干旱与半干旱草原区域占有重要地位，在森林的保护下草原单位产草量较高，有利于防风固沙，防止草原退化或沙化。草原与森林的镶嵌分布，便于充分利用土地资源，为发展多种经济奠定了基础。而草原又是畜牧业发展的物质基础，可有效地缓减林牧矛盾，减轻对森林的破坏。在荒漠草原区，山地森林有贺兰山山地森林、祁连山山地森林、阿尔泰山山地森林和天山山地森林。它们是沙漠中的绿洲，生命的象征，有效地阻止了沙漠的扩大和迁移，同时也涵养了区域内河流的水源，减少了黄河等河流的泥沙含量，缓减雨季地表径流，调节河水流量，滞留洪峰、减轻洪水危害，保证河流下游区生产、生活及经济建设的安全与稳定，对维护草原生态安全起着重要作用。

### （二）森林生态系统与湿地生态系统的关系

湿地兼有水域和陆地生态系统的特点，有抵御洪水、调节径流、改善气候、控制污染、美化环境和保持区域生态平衡等方面的重要作用，因而被称为"地球之肾"。在世界自然保护大纲中，湿地与森林、海洋一起并列为全球三大生态系统。湿地在中国分布广泛，其面积约占世界湿地面积的11.9%，居亚洲第一位，世界第四位。全国可划分成 8 个主要分布区，即东北湿地区、华北平原与山地湿地区、长江中下游湿地区、杭州湾以北滨海湿地区、杭州湾以南沿海湿地区、云贵高原湿地区、蒙新干旱地区湿地区、青藏高原湿地区。湿地生态系统类型众多，目前还没有世界公认的湿地分类标准。中国将全国湿地大致划分为四大类，即近海及海岸湿地、河流湿地、湖泊湿地、沼泽和沼泽化草甸湿地。湿地物种十分丰富，蕴藏着丰富的遗传资源。我国的湿地植物有2 760 种，其中湿地高等植物约 156 科、437 属、1 380 多种。从植物生活型方面划分，有挺水型、浮叶型、沉水型和漂浮型等；有一年生或多年生植物；有的是草本，有的是木本；有的是灌木，有的是乔木。我国在湿地栖息的动物有 1 500 种左右（不含昆虫、无脊椎动物、真菌和微生物）。其中水禽大约 250 种，包括亚洲 57 种濒危鸟中的 31 种，如丹顶鹤、黑颈鹤、遗鸥等；湿地是迁徙鸟类的必需停歇地。

沼泽与森林之间的过渡区称为森林沼泽地，随着空间地势的逐渐升高，沼泽化程度由强到弱，形成了交错带的环境梯度，森林植物种逐渐向沼泽方向侵入，形成了在群落建群种、灌木、草本层优势种、伴生种、径级结构、年龄结构以及相似程度等结构特征方面均存在很大差异的一系列群落。沼泽演变为森林要经过森林—沼泽交错群落演替阶段。由于局部地势较低积水形成沼泽后，耐湿的沼泽植物定居而形成沼泽群落。又因其内部大量死有机体的堆积，形成高出水面的塔头小斑块，为树种的侵入创造了条件。各种适应沼泽生境方式的森林与沼泽植物组成二者的过渡区群落，开始了向森林演替的过程。这一过程由两个方面作用实现，一是交错群落建群种个体下部小斑块的发育，起到抬升地势的作用，使地面积水转化为地下积水，生境得以改善；另一方面交错群落的生物排水作用，使群落的水分趋于平衡状态，同时降低了地下水位，相对地起到抬升地势的作用。这两方面的作用结果，使交错区群落空间分布位次发生改变，向着更高级的演替阶段发展，处于较高地势的交错区群落最终将会演替为森林群落。

在森林地带的草甸区，洼地和永久冻土地带，由于地势低平，坡度平缓，排水不畅，地面过于潮湿，大量喜湿性植物经过长期的堆积、霉烂形成塔头沼泽，成为多种水生动物、两栖动物及多种候鸟的栖息地，湿地为它们提供了丰富的食物来源和隐蔽的繁育场所。因此，沼泽湿地对森林生态系统平衡有重大的作用。

### （三）森林生态系统与农业生态系统的关系

在我国，农区森林分为很多种，平原地区以农业种植区为核心，以农田林网化为骨干，以带、网、片相结合，形成综合农田防护林体系，在保护农田稳产和高产，防灾减灾等方面具有重要作用。平原农区林网配套实现有限土地的立体种植，提高单位面积产量和效益，达到以林促农，保证农业增产与增收，在北方林带（网）的蒸腾作用可有效地增加局部地区的空气湿度，有利于作物的生长和发育，形成区域小气候，减少各种自然灾害，使作物获得稳产高产。在南方林带（网）的蒸腾作用，也可以有效地减轻局部地区的盐渍化、沼泽化，有利于农田生态系统的水分循环，保证农田土壤的宜耕作性。林带通过其动力效应，能够改变空气流场特征，降低风速，削弱风的能量，从而达到防止风蚀，减少风沙危害。林带的防风效应主要体现在对近地面层的气流运动的作用，包括降低风速、改变流场结构和流态。

在粮食主产区，农田防护林以一定的树种组成、一定的结构成带状或网状配置在农田四周，以抵御自然灾害，如沙尘暴、干热风、风灾、低温冷害、洪涝、土壤盐渍化、霜冻及冰雹等，改善农田小气候环境，给农作物的生长和发育创造有利条件，保证作物高产稳产。平原区在我国除西北部与内蒙古东中部平原地区，华北中原地区、长江中下游平原地区外，还应包括西北绿洲灌溉农业区。这些地区是我国粮、棉、油、肉、蛋、奶生产基地，是最大的农业生产区。平原主要形成农区的农林复合生态系统，利用生态学原理将树木与农作物按不同的组合方式在同一土地单元和时间序列内种植。树木通过各种形式引入农田，固然影响到林下和林地范围内农作物的生长，但同时也起到防风固沙、涵养水源、调节农田小气候、促进系统内物质循环、能量流动、减少自然灾害的发生等保护农田及其增加农作区的产品效益（木材、薪柴、果实等林副产品）的作用。将林木与农作物合理配置形成农林复合生态系统，可以加速平原绿化，更好地发挥这个系统的综合功能。

### （四）森林生态系统与城市生态系统的关系

城市生态系统是一个以人为中心的自然、经济与社会的复合人工生态系统，即包括自然系统、经济系统与社会系统。自然系统为经济系统提供能源利用，经济系统给自然系统带来生产污染。整个自然生态系统的生态能力就成了整个城市生态的关键，城市森林对改善城市生态环境具有不可替代的作用，因城市森林具有生物量大、物种构成丰富和生态综合效应高的特点。我国将构建以城市为"点"，以河流、海岸及交通干线为"线"，以我国林业区划的东北区、西北区等八大林区为面，即"点、线、面"相结合的森林生态网络布局框架，使城市与森林和谐共存。因此，发展城市森林就成了中国森林生态网络体系建设的重点。所谓城市森林是指在城市及其周边范围内以乔木为主体，达到一定的规模和覆盖度，能对周围的环境产生重要影响，并具有明显的生态价值和人文景观价值等的各种生物和非生物的综合体。包括市区的道路、公园、绿地的林木及市郊的森林公园、风景区、果林、防护林、水源林等。一般来说，城市的气候要比农村暖和而干燥，人们常把这种现象比作"城市热岛"。植物可以改变城市气候。合理的城市森林结构和较高的森林覆盖率能有效地抑制城市热岛效应，增加空气湿度。

城市森林创造的绿色世界、优美的风景、宜人的气候、清新的空气、少菌的空间、幽静的环境，不仅使人感到情绪镇定、心情畅快、精神爽朗、心旷神怡，而且有益于人们的健康与长寿，同时还有陶冶情操、增进智力、激发灵感的特种效应。城市森林的形态、色彩、明暗、气味、音响、季相变化，给人民带来心理学和美学享受；调温、增湿、制氧、减噪、灭菌、净气等物理和生理功能对人们的肌体和精神发生作用，促进人体的健康。城市森林有防风、防沙、防尘、防灾、减噪、灭菌、保持水土、调节气候、净化空气、消除或减弱温室效应等功能，影响和改善了人民生活的空间环境。因此，城市森林的生态作用是巨大的。以前的城市园林以栽花种草、创造环境美化生活为主要目的，不重视生态效益。只有到今天环境恶化，可持续发展受到制约，人们才开始重视园林的生态功能，因此，城市森林将是城市园林发展的主要内容。大都市森林通常包括城区森林，以小街景、小绿地、小游园、道路、滨河、公园、广场绿化为主；近郊森林，重点进行环城林带的建设和城区周边的村镇绿化；远郊森林，重点进行林地、森林公园、自然保护区、果园、农田林网的建设，建设中突出自然景观，为城市居民提供一个回归自然的游览去处。我国绝大多数小城镇森林面积较少，结构单调，季相变化不明显，特别是北方地区小城镇森林常以城郊地区的农田防护林和荒山绿化为框架，以庭院经济和城镇内道路绿化为辅助，郊外农、林、牧交错，在城镇环保设施不完备的情况下，小城镇森林发挥着较大的防污染和除臭功能。森林要进入城镇，为城镇服务，而园林要走出城外，向生态园林方向发展，这是未来森林生态建设走城乡一体化的必经之路。

# 第四节　环境权原理

## 一、森林环境权的定义

森林环境权的概念一直没有人提出。森林生态系统是一个独立存在的大自然中最重要的生态系统。森林生态系统现在已成为世界各国研究自然资源中的主要研究对象。森林生态系统在人类自然资源中的主干作用早已不言而喻。所以，我们研究自然资源法，很大的一块重心是森林资源法。森林作为自然生态环境的重要组成部分，研究环境权自然少不了研究森林环境权。研究森林环境权是对我们研究环境权很重要的一个方面。森林环境权有它自身的含义、特点和内容。

森林环境权，是指森林环境法律关系的主体对其生存、生活和发展所处的森林环境所享有的权利和义务，即主体有享用适宜森林环境的权利和保护森林环境的义务，是对基本环境权利和基本环境义务的再细分。这个概念有以下几个含义：第一，森林环境权是一种环境法律权利，具有环境法律权利的共性；第二，森林环境权是权利和义务的统一，表明主体在享有森林环境权的同时也负有保护森林环境的义务和责任；第三，森林环境权是由环境权派生出的一项权利，是根据环境权的客体（环境要素）对环境权的再细分，是对环境权的体系的丰富和完善；第四，保护森林环境的法律义务是实现森林环境权的前提条件。

森林环境权具有如下特点：第一，森林环境权的主体，包括自然人、法人、非法人组织、国家、人类，使得森林环境权兼具生存权、集体权、国家主权、人类权、代际权等的某些性质；第二，森林环境权的客体，即森林资源具有生态功能和经济功能，使得森林环境权兼有财产权、经济性法权和生态性法权的某些性质；第三，森林环境权的内容包括合理享受森林环境、开发和利用森林资源，保护森林资源和改善森林环境等方面，使得森林环境权兼具生存权、资源主权、发展权和生命健康权等的某些内容。

关于环境权体系，目前学界还有一定争议。不过对于将环境权根据主体不同而作的分类已得到大多数学者的认同，即分为自然人（个人）环境权、法人（单位）环境权、国家环境权和人类环境权。在此，作者也将森林环境权分为自然人（个人）森林环境权、法人（单位）森林环境权、国家森林环境权和人类森林环境权。所谓个人森林环境权，是指自然人享有享用森林环境的权利，也具有保护森林环境的义务。单位森林环境权，是指单位享有享用森林环境的权利，也具有保护森林环境的义务。国家森林环境权，是指国家享有森林环境的权利，也具有保护森林环境的义务。国家森林环境权是一种国家主权性质的国家基本权利，是不可剥夺的国家自然权利，是国家作为国际社会成员必须承担的基本义务。人类森林环境权，是指人类作为整体享有享用森林环境的权利，也具有保护环境的义务。人类森林环境权的基本意义是要求人类在开发保护森林环境资源时要顾及世界各国和人类后代的森林环境权益，为全人类及其子孙后代保护森林生态环境。森林环境权是从客体的角度对环境权做的一个分解和细化，森林环境权的确立对于加强对森林资源的保护有重要而实际的意义，是丰富和完善环境权体系的一个探索。

## 二、可持续发展理论与森林环境权

1980年，联合国环境规划署、国际自然和自然资源保护联合会（IUCN）制定的《世界自然资源保护大纲》首次提出了"可持续发展"的问题。1987年，世界环境与发展委员会在《我们共同的未来》中第一次将"可持续发展"定义为既能满足当前的需要，又不危及后代满足其发展需要的能力。这一定义，将发展视为全人类的整体发展，既维护当代人的环境权，又维护未来人的环境权。因而"可持续发展"成为我们讨论人类环境权的理论基础。1992 年在巴西里约热内卢召开的盛况空前的"环境与发展大会"，标志着"可持续发展"成为全人类的共识和全球性的发展战略。

可持续发展的发展观是人类的发展与自然的发展的平行发展。传统的西方工业化道路形成的发展模式，以工业增长作为衡量社会发展的唯一尺度。它体现为国际社会成员对 GNP（国民生产总值）和高速增长的强烈追求，把 GNP 的高低作为区分国家和地区经济发达与否甚至社会进步与否的基本标志。这种片面追求 GNP 增长的社会发展模式，已给人类社会带来了生态环境的严重恶化、自然资源的日趋短缺、对自然资源的掠夺式开发和利用等严重后果。而按照"可持续发展"的要求，则意味着发展必须有利于人类的持续发展，有利于人类所依赖的生态资源的持续存在和演进，兼顾人与自然的关系和今人与后人的关系两方面，且把人类社会置于整个自然生命系统中，将人类的发展与自然的发展看作是互为影响、互相制约的平行的发展。

可持续发展拓展了法律的公平价值，体现在当代人之间的公平和世代之间的公平两个方面。当代人之间的公平，要求自己在消耗资源的时候，要想到他人的利益，不要因为自己的消耗造成对他人的损害；发达国家的发展，不能牺牲发展中国家的环境利益。世代之间的公平，要求本代人在消耗资源的时候，要对后代人负起责任，给后代以同等的选择机会和选择空间。公平观上体现的古老道德文化传统，是节约、为了下一代，以及对人类社会的奉献。可持续发展对法律的人道价值的拓展，体现为善待一切生命。人道一般是对人类而言，在环境法里，则不但要求人道地对待同类，而且要求善待一切生命。最低限度上，对人类以外的其他生命形式的人道，要求做到生态环境的平衡，根据生态平衡的要求保持大自然的自然生产力不被人类降低或者破坏。

可持续发展环境伦理观是一种新的环境伦理观，催生了森林环境权。可持续发展理论结合环境伦理学就形成了可持续发展环境伦理观。可持续环境伦理要求维护生态的长远利益，维护人与自然关系的和谐平衡，尊重生态环境价值和发展规律。由于森林的重要性，维护人与自然关系的和谐平衡关键在于维护人与森林关系的和谐平衡；可持续发展的保障就在于生态系统的平衡，在于森林资源与人的和谐平衡。森林环境权正是基于这样的思考而产生的。可持续发展不仅是指人类可持续发展，也是指包括森林资源等在内的生态系统的可持续发展，是指人类和自然共同的可持续发展。可持续发展必然要求森林资源的可持续性，森林环境权则是这种可持续性在法律上的保证。生存权和发展权理论是森林环境权的重要基础。生存权作为明确的法权概念，劳动权、劳动收益权、生存权是造成新一代人权群一经济基本权的基础。生存权被揭示为：在人的所有欲望中，生存的欲望具有优先地位。

经济生活秩序必须与公平原则及维持人类生存目的相适应。第二次世界大战后，生存权的概念被各国普遍接受。对于全体人民，尤其对于孩童、母亲及老年劳动者，国家应保障其健康、物质上的享用、休息及闲暇。凡因年龄、身体或精神状态、经济状况不能劳动者，有向国家获得适当生活方式的权利。生存权包括两方面的内容：一方面是生命权，即人的生命非经法律程序不得受到任何伤害和剥夺；另一方面是生命延续权，即人作为人应当具备基本的生存条件，如衣、食、住、行等方面的物质保障。

发展权是从基于满足人类物质和非物质需要之上的发展政策中获益并且参与发展过程的个人权利，又是发展中国家成功地建立一种新的国际经济秩序，亦即清除妨碍它们发展的现代国际经济关系中固有的结构障碍的集体权利。一切民族在适当顾及本身的自由和个性并且平等分享人类共同遗产的条件下，均享有经济、社会和文化的发展权。

发展权与环境权也具有十分密切的关系。有些人认为发展权与环境权是对立的，强调发展权，必然会牺牲环境权；强调环境权，必然牺牲发展权。

可以认为环境权与发展权的关系是对立统一的。环境与发展的对立表现在：经济的快速发展必然会导致环境问题的产生，对环境的严格保护在短时期看制约着经济的发展。但在总体上看，环境与发展是统一的。表现在：发展导致环境问题，环境问题的解决最终依靠发展。

森林资源是非常重要的环境资源，对人类的生存和发展有决定性影响。没有森林就没有地球，人类也不可能生存下去，更谈不上发展。森林环境权与生存权、发展权的关系同环境权与生存权、发展权的关系相比是具体和一般、个性和共性的关系。森林环境权的最终目的还是解决人类的生存和发展问题，实现生存权和发展权。可见，森林环境权是实现生存权和发展权的一大保障。生存权和发展权为森林环境权提供理论基础，是其主要的理论根源。

## 三、生态环境监察

### （一）概念和特点

#### 1. 概念

生态环境监察是各级环境保护行政主管部门的环境监察机构，依法对本辖区内一切单位和个人履行生态环境保护法律法规、政策、标准等情况进行现场监督、检查、处理。生态环境监察的对象为一切导致生态功能退化的开发活动及其他人为破坏活动。

#### 2. 特点

生态环境监察除具备污染源监察所有的委托性、直接性、强制性、及时性、公正性等特点外，更具有前瞻性、系统性、综合性等特点。

（1）前瞻性

生态环境监察的着眼点要通过查处环境违法行为，预防和制止生态破坏活动。

（2）系统性

生态环境要素不是孤立存在的，各要素之间相互依存构成一个完整的系统，这就要求我们在开展生态环境监察工作时要用系统、全面的观点观察、分析和解决问题。

（3）综合性

造成生态破坏的环境违法行为常常不是某一方面或一个人的行为，而是涉及社会各方面的多种因素，这就使得在生态环境监察过程中，往往要与国土、农业、林业、草原、旅游等多个部门打交道。

## （二）指导思想和原则

### 1. 指导思想

生态环境监察不仅涉及面广，牵扯部门多，而且现有的法律、法规又过于原则，很多规定可操作性不强、处罚力度不够，甚至有关生态保护方面的立法尚存在着空白，缺乏相应的执法依据，这给生态环境监察工作增加了一定的难度。生态环境部要求各地环境保护监察机构要按照"立足监督、联合执法、各负其责"的原则，深入探索生态环境监察工作体制、机制和方法，强化环境保护部门统一监督管理的职责，着力查处生态环境破坏行为及违法案件，进一步促进生态环境保护工作，使生态环境恶化趋势得到基本遏制，生态环境质量逐步得到改善。

### 2. 原则

（1）突出重点

围绕《全国生态环境保护纲要》和我国生态环境面临的突出问题，力争在重点区域、重点生态环境管理类型上抓出成效。

（2）以点带面

根据各地的工作特点和生态环境的实际情况，开展生态环境监察的试点，创造性地探索生态环境监察的工作机制与途径，总结经验，全面推行。

（3）分步推进

根据现有法律、法规和政策，以及环境监察工作基础，结合实际，选择突破口，打好基础，逐步拓展工作空间。

（4）讲求实效

开展生态环境监察工作一定要针对生态环境热点问题、难点问题和生态环境管理中薄弱环节，切实查处环境违法和生态破坏案件，促进重点地区生态环境的好转。

### （三）任务与目标

根据当地突出的生态环境问题，以控制不合理的资源开发建设活动为重点，围绕自然保护区、重要生态功能保护区、农村环境保护等重点领域，开展生态环境监察工作。即全面开展对资源开发建设项目（包括草原、湿地、矿山、土地、水资源等）、非污染性建设项目（包括水利水电、交通建设、旅游开发、高尔夫球场等），以及饮用水源保护区、自然保护区、生态功能保护区、近岸海域、农村（畜禽养殖、秸秆禁烧、网箱养鱼、有机食品生产基地）等领域的生态环境监察。

通过开展生态环境监察试点，摸索经验，制定和出台相应的工作制度和方法，推动各级环境监察机构内生态环境监察专业队伍和基本工作制度的建立，促进地方生态保护与生态环境监察的法规建设，强化环境保护部门统一监督管理的职能，逐步建立生态环境监察执法机制，使生态环境违法案件得到有效查处，巩固重点地区生态环境建设与保护的成果。

### （四）依据

#### 1. 法律依据

依法进行监督、检查、处理是生态环境监察的核心。在现有的有关生态保护方面的法律、法规尚不完善的情况下，根据生态环境部领导"立足监督，各负其责，依法借权，联合执法"和"用足、用好现有法律、法规"的指示精神，我们对现有的、与生态环境监察内容相关的环境、资源法律、法规、规章及标准进行了较为系统的分类、归纳和总结，以便给各地环保部门开展生态环境监察工作提供相关的法律依据。

#### 2. 事实依据

生态环境监察的事实依据包括生态监测数据及现场调查取得的人证、物证等。生态环境监测数据反映了生态环境质量状况，是生态破坏预测与判定的基础，是实施环境违法仲裁与各项管理措施的依据。现场调查取得的证据有书证、物证、视听资料、证人证言、当事人的陈述、鉴定结论、斟定结论、勘验笔录、现场笔录等。事实证据的取得应合法、及时、准确。取证和程序、方法和手段要严格遵守法律规定。

### （五）程序与步骤

#### 1. 相关规定

国家环境保护总局颁布的《环境监理工作程序》中规范了环境监理工作程序，生态环境监察的工作程序可参照执行。①污染源监察工作程序；②建设项目及"三同时"监察工作程序；③限期治理项目监察工作程序；④排污许可证监察工作程序；⑤排污收费工作程序；⑥环境保护补助资金管理和使用程序；⑦现场处罚工作程序；⑧环境监察行政处罚基本程序；⑨环境污染与破坏事故调查和处理程序；⑩环境污染纠纷调查处理程序；⑪环境监察稽查工作程序。

### 2. 工作步骤

（1）制订现场监察计划

根据生态环境部工作部署、各地生态环境现状、群众举报等制订生态环境现场监察计划。

（2）确定工作方案，做好监察各项准备工作

确定监察工作方案，包括监察的目的、对象、重点内容以及具体监察时间、路线等。做好人员、快速监测和取证设备、交通工具等配置安排。

（3）生态破坏与生态环境污染状况现场调查

通过相关背景资料调查、现场实物取证、相关人员走访查询以及现场生态环保设施运行、管理情况检查等手段查清生态破坏与污染的主要事实。

（4）生态破坏的方式、范围、后果和经济损失

如水土流失、荒漠化、盐渍化、森林草地退化、物种减少、矿渣与占地、地面沉降、塌陷、水体富营养化、海水入侵、海洋赤潮、海岸侵蚀等。

（5）造成人为生态破坏的主要行业、项目、行为

如非农占地、村镇占地、农牧渔业开发、矿产开发、挖沙采石、旅游开发及港口、码头、交通、水利、水电、房地产等工程项目建设，生物入侵、乱砍滥伐、乱捕滥猎等。

（6）生态环境污染状况调查

主要污染源、污染的范围、程序、危害后果、经济损失等。

（7）生态破坏与环境污染的原因分析与确证

对调查取得的事实及主要证据、相关背景情况、生态破坏与污染发生地环境监管现状等进行综合分析，确定生态破坏与污染的主要原因和责任对象。

（8）视情处理

对违法情况根据相关法律法规做出相应处理。责成违章、违法单位制定并落实生态保护与污染治理措施。对于涉及其他部门的生态破坏案件，要做好移送工作。

（9）总结归档

编写生态环境监察工作报告，做好各类技术管理文件、资料，进行整理归档工作。

（10）定期复查

监督被检查单位整改措施的落实，生态破坏治理与恢复效果，切实保证违法行为得

到纠正。按期总结生态监察情况并及时归档，做好管理工作。

### 3.文档主要内容

包括生态监察工作的审批文件、方案、总结、检查、验收等资料。

破坏事故和纠纷调查处理中得到的各种证据、记录、数据、监测报告、处罚决定、调查报告等。

资源开发与建设项目现场监察工作中环境影响评价制度与"三同时"制度履行情况、生态保护措施落实情况、生态破坏和恢复情况、竣工验收等文件资料。

生态保护与生态破坏恢复治理资金使用和管理的计划、落实情况和台账等有关文件。

日常监察工作中形成的现场监察信息、现场调查询问笔录、有关记录等文件资料。

检察辖区内重要污染名录，污染源所在的功能区、位置，排放污染物种类、名称、浓度、去向、危害和影响，历年排污情况等文件资料。

征收排污费过程中形成的排污申报及收费的有关文件资料。

### （六）内容和重点

环境监察是环境管理的具体落实和检查。生态环境的管理有哪些内容，生态环境监察就应当有哪些内容。但是，生态环境管理是宏观的，而生态环境监察是微观的、具体的。有些宏观管理的措施在微观上无法反映，也无法准确判断是否违规。所以生态环境监察的内容和形式只能着重在生态环境管理能够有具体要求的内容上，着手在督促和检查管理措施的落实上。

生态环境监察内容涉及面很广，因素很复杂，既包含多种自然因素及多种生态系统，又包含各种污染因素；既要监察开发、活动过程，处理破坏事故，更要预防为主，注重源头控制，具有综合性、系统性、前瞻性的特点。

依据区域生态系统的特点和地域分布的不同可将生态环境监察划分为自然生态系统（包括森林、草原、湿地、水域等）监察、海洋生态环境监察、农村生态环境监察、城市生态环境监察等；也可依据人类活动对生态资源的影响将生态环境监察分为资源开发、旅游开发、工程项目建设、人为破坏活动等类型。

根据《全国生态环境保护纲要》中突出"三区"生态保护的战略思想，针对当前我国生态环境面临的突出问题和生态环境保护的主要任务，生态环境部生态环境监察的主要内容是"三区"生态环境监察、资源开发和建设项目生态环境监察和农村生态环境监察，重点包括：资源开发项目和开发建设活动（包括草原、湿地、矿山、土地资源等）、非污染性建设项目（包括水利水电、交通、生态建设等）、自然保护区与旅游景区（含风景名胜区、森林公园以及文物保护单位、水利风景区等）及生态功能区的开发建设活动、海岸地区、小城镇及农村生态环境监察等。

# 第五节　可持续发展原理

## 一、可持续发展的理论

### （一）可持续发展环境伦理的形成及含义

环境伦理观从狭义或浅层讲，是对人类发展方式的伦理学思考；从广义或深层讲，是人与自然关系中人类价值观的伦理学思考。环境伦理是社会的"公理"，自然的"法律"。环境伦理学包括两大方面内容：一是"人与自然之间的伦理关系"；二是"受人与自然关系影响的人与人之间的伦理关系"。由于对这两大问题的不同回答，从而形成了理论环境伦理学领域内的形形色色的，从保守到激进，从观点相近但又区别到激烈对抗的学派谱。然而，它们基本上可归为三类，即人类中心主义、非人类中心主义、天人合一观。人类中心主义包括强人类中心主义与弱人类中心主义。非人类中心主义包括动物解放论、动物权利论、生物中心论、大地伦理学、深层生态学，其中，后两者又统称生态中心主义。

环境伦理学是在 20 世纪 40 年代提出，70 年代获得定位的一门新兴学科。与环境伦理学产生与发展的时期基本相同，可持续发展战略酝酿于 20 世纪 60 至 70 年代的第一次环境革命。1992 年，联合国环境与发展会议的宣言《21 世纪议程》中强调，"可持续发展是在满足当代人需求的同时，不损害人类后代满足其自身需求的能力"。由此可见，可持续发展思想的实质，就是既要考虑当前发展的需要，又要考虑未来发展的需要，它是关于当代和后代协调发展的理论。两者是为了解决人类社会所共同面临的环境问题而相继产生的。环境伦理学为可持续发展战略提供了理论上的支持，环境伦理学中对自然价值的认识和以环境公正为主体的道德规范系统，构成了可持续发展论的环境伦理基础；另一方面，可持续发展战略也推动了环境伦理学的整合与超越，促进了环境伦理学的提高与发展。可持续发展是为了明智而有效地利用自然资源，它的目标仅仅是为了人类的长远利益而控制自然并让其为人类提供永久的物质利益的保障。它的核心伦理内涵是指向人与人之间的，仍然是一种基于调整人与人之间关系的人际伦理。

可持续发展环境伦理观是研究可持续发展和环境伦理过程中形成的一种新型环境伦理观。它异于现代人类中心主义，也与生态中心论等非人类中心主义不同。可持续发展环境伦理观在坚持自然价值观，强调人与自然和谐统一的基础上，承认人类对自然的保护作用和道德代理人的责任及以一定社会中人为行为的环境道德规范研究，而生态中心论在生态整体价值上虽也赞同保持人与自然的和谐统一，但它忽视了人类所具有的能动者的作用。可持续发展环境伦理观并不完全否定人类中心主义，对人类中心主义中人特有的主观能动性作用持肯定态度。可持续发展环境伦理观是对人类中心主义和非人类中心主义的一种整合，吸取两者积极成分，同时又超越两派的争论，形成一种包容性更强、内容更丰富、体系更完备的理论。

可持续发展环境理论一方面汲取了非人类中心主义生物具有内在价值的思想，承认自然不仅具有工具价值，也具有内在价值，但又不把内在价值仅归于自然自身，而提高为人与自然和谐统一的整体。这样，不仅是人类还有自然，都应该得到道德关怀。另一方面，可持续发展环境伦理观在人与自然和谐统一的整体价值观基础之上，承认现代人类中心主义关于人类所特殊具有的能动作用，承认人类在这个统一整体中的道德代理人和环境管理者的地位。这样就避免了非人类中心主义在实践中所带来的困难，使之更具有适用性。

可持续发展环境伦理的建构的基本点是促进人与人及人与自然之间的和谐，使人们在活动的时候，顾及自身行为对他人、社会、后人和生态环境的影响，实现人类与自然、生态与经济的和谐发展。可持续发展环境伦理观的提出将伦理学的视野由人与人的关系扩展到人与自然之间，不仅丰富了伦理学的基本思想，而且扩大了人的责任范围，为人类重新认识自身的价值和意义提供了一种全新的尺度。人们从人与自然的关系进行多方面整体的透析，进一步认识和把握给自然界造成的各种影响，为实现可持续发展奠定基础。

### （二）可持续发展环境伦理的基本原则

伦理的基本原则是一种起主导作用的道德规范，在一定道德体系中处于核心和总纲地位。可持续发展环境伦理的基本原则应当是生态与经济的可持续发展原则，它强调人类在追求生存与发展权利时应保持与自然或生态资源的和谐关系，强调当代人在创造和追求当今经济发展与消费时应承认并努力做到使自己的机会与后代机会均等。它具体表现为：最小伤害原则、遵循比例性原则、遵循分配公平原则、遵循公正补偿性原则在内的善待自然的基本原则；经济公平、生态公平与伦理公平相结合的全面公平原则；经济效率、生态效率与伦理效率相统一的综合效率原则；经济和谐、生态和谐和社会和谐相贯通的原则。

### （三）可持续发展环境理论的法律化

每一次环境理论的变革都是对旧价值观的扬弃，人类道德范围也随之不断得到扩展，这种伦理变革为立法提供了伦理基础，并最终反映到法律制度中，成为法律的新价值观念，引发法律生态化的趋势，生态化的社会需要生态化的法律。由此，从法学的视角对环境伦理加以关照就显得十分必要。环境法律与环境伦理的关系亦是如此。从环境的立法原则中，可以反映出一个重要的基础，这个基础就是环境伦理学依据生态规律所揭示的人与自然的不可分性。人类离不开自然，它是从自然中产生的，又要依赖于自然环境才能生存。保护自然环境，并使这样一种行为具有法律化的意义，才合乎人的内在本质的要求。因为环境伦理学的研究是基于人与自然关系来揭示人的内在本质的要求并确定其规范的，而法律代表着人性的要求，必须根据人的内在本质的要求来规定限制，因此，环境伦理学必然成为环境立法的依据和价值来源。

新的环境伦理要求在法律上予以体现，即道德法律化。要求立法者将一定的道德理念和道德规范借助立法程序以法律的形式表现出来。可持续发展环境伦理价值理念应成为环境立法的核心，从而使环境法具有一种全新的价值取向。在这一思想指导下的环境法，应该在法律上确立和保护地球上物种存在者的权利，最终实现人与自然的和谐。

## 二、森林资源与林业的可持续发展

可持续林业定义为：既能满足当代人的需要，又不会对后代人满足其需求构成危害的森林经营。林地及其多重环境价值的可持续发展，包括保持林地生产力和可更新能力，以及森林生态系统的物种和生态多样性不受到不可接受的损害。这一定义较全面地说明了森林资源可持续发展的内涵。现在，各国林学家与森林生态学家正在逐步完善其定义，对其内涵的认识基本达成了共识。森林可持续发展主要是指森林生态系统的生产力、物种、遗传多样性及再生能力的持续发展，以保证有丰富的森林资源与健康的环境，满足当代和子孙后代的需要。

可持续林业是对森林生态系统在确保其生产力和可更新能力，以及森林生态系统和生物多样性不受到损害前提下的林业实践活动，它是通过综合开发、培育和利用森林，发挥其多种功能，并且保护土壤、空气和水的质量，以及森林动植物的生存环境，既满足当代社会经济发展的需要，又不损害未来满足其需求能力的林业。可持续林业不仅从健康、完整的生态系统，生物多样性、良好的环境及主要林产品持续生产等诸多方面，反映了现代森林的多重价值观，而且对区域乃至整个国家、全球的社会经济发展和生存环境的改善，都有不可替代的作用，这种作用几乎渗透到人类生存时空的每一个领域。

它是一种环境不退化、技术可行、经济上能生存下去以及被社会所接受的发展模式。森林生态系统的可持续发展，关注的是森林生态系统的完整性与稳定性，保持森林生态系统的生产力和可再生产能力，人类如何合理利用森林资源，保持代内公平和代际公平。

我国的森林资源十分贫乏，为了林业的可持续发展，国家采取了一系列的保护措施：①实施天然林保护工程，停止采伐天然林，把森林植被管护好；②建立防护林体系。从20世纪50年代起，我国就在内蒙古东部、华北北部营造防护林；从1978年起，我国又在西北、华北北部、东北西部建设"三北"防护林体系。这项被誉为"绿色万里长城"的防护林体系建设工程范围包括西部地区的新疆、甘肃、宁夏、陕西等省份；③实施坡耕地退耕还林工程。中国政府已经制订出我国退耕还林还草的规划。根据这一规划，将用10年时间初步遏止生态环境恶化的趋势，到2050年实现再造一个山川秀美的西部，建立可持续发展的良性循环。财政部还将充分利用国外资金、机制和技术促进西部森林生态环境保护和建设，促进西部地区经济和社会发展良性循环。为了保障退耕还林规划的顺利实施，推出退耕还林的补偿机制，将从制度上保证西部森林的恢复与重建；④宜林荒山荒地造林，全面恢复林草植被。因地制宜地在荒山荒地种植适合该地区自然条件的林木，造林由国家无偿提供种苗；实行谁造林、谁所有，谁管护、谁受益的政策，但采伐要受国家法律、法规和采伐规程的约束；⑤实施建造农村沼气池。兴建沼气池，解决农村以林木为主要燃料的问题，"以气代林"可以在一定程度上改善目前滥采滥伐的现状，使得造林工作能够有效进行。

但森林法却缺少这方面的相关规定。森林法作为国家组织、领导、管理林业的有力工具，其目的是推广立法，加快国土绿化，改变我国森林资源贫乏和林业不发达的状况。运用法律手段来保护森林，发展林业。它对我国森林生态保护起着十分重要的作用。但随着社会经济的发展，它也明显出现一些不相适宜的地方。首先是《森林法》的立法宗旨，依据我国的立法传统，环境法与自然资源保护法规被视为是两个法律部门，而森林法通常归入自然资源保护法中。虽然1998年修改后的《森林法》建立了森林生态效益补偿基金制度，但在《森林法》第一条关于森林法宗旨的阐述中，却未从生态概念的高度强调森林资源是整个生态系统的组成部分，而仅仅规定森林法的宗旨为保护环境和提供林产品以适应经济建设和生活需要。这一规定虽然在形式上抛弃了资源经济本位的指导思想，但也存在一定不足。其次是对森林的保护手段上，修改后的《森林法》在森林资源的保护手段上，较之于从前已经有了很大的突破。例如，允许将特定的森林、林木和林地使用权依法转让和依法作价入股或者作为合资、合作条件。但从整体上看，森林法对森林的资产属性还重视不够。我国的森林资源保护措施主要包括植树造林、限额采伐、林业基金、封山育林、群众护林、防治森林火灾和森林病虫害、建立森林生态效益补偿基金、出口管制、征收森林植被恢复费，以及对集体和个人造林育林进行经济支持等，总体上表现为一种管制型的立法，更多习惯于行政许可、行政命令和行政罚款等手段，如采伐许可证制度，而较少运用民法手段和经济刺激措施。

更新《森林法》的立法宗旨，完善相关规定是我们必须完成的任务。森林法既可以是资源经济本位的法，也可以是生态支持本位的法。森林资源保护的立法完善问题首先就要解决森林法的立法宗旨与规定问题。由于可持续发展思想已经见诸 WTO 的正式法律文件中，因此有必要在森林法中突出可持续发展的观念和立法要求，彻底转换传统的环境保护法与资源保护法分立的立法思维模式，将森林资源首先作为一项重要的生态要素。在环境法的整体框架下设计和构建森林保护制度，并从森林的生态属性出发，将森林的存续和森林的最佳利用确定为森林法的立法宗旨。在此同时，森林保护的手段问题上宜重视运用市场手段，因为破坏森林的很多行为的背后都涉及经济方面的利害关系。可以将经济利益与环境利益联系起来，将林区经济发展和森林的保护联系起来，利用市场的指引功能，通过诸如税收制度、森林采伐许可的总量控制制度和在此基础上的采伐许可证有条件的流通制度，有偿绿化与义务绿化相结合制度等的综合运用把森林开发所引起的环境成本内在化，来实现森林资源的效益最优化。

# 第三章　森林采伐利用管理

## 第一节　森林采伐作业管理

### 一、森林成熟

森林采伐是林业生产的重要活动，人们经营利用森林，必然要涉及森林的采伐。但随着人们日益重视和加强生态环境建设，发挥林业的多种效能的呼声日益高涨，特别是森林可持续经营理念的提出，已成为社会可接受的前提，森林采伐受到高度的重视。选择科学合理的森林采伐，严格控制森林的过度消耗，严厉打击盗伐滥伐等破坏森林、林木的行为，真正做到保护和发展森林资源，才能实现森林的可持续经营，已经成为林业生产经营活动关注的焦点和根本要求。作为保护森林资源的森林公安，要了解有关森林采伐的相关知识，为科学、合理、合法地执法提供保障。

森林采伐的前提是森林成熟。森林在其生长发育过程中达到最符合经营目的的状态，称为森林成熟。这一时期的年龄称为森林成熟龄。森林成熟是一种现象，而成熟龄则是这一现象的时间概念。森林成熟决定于经营目的。经营目的是指国民经济建设对木材、竹材、其他林产品及其利用性能的需要、满足状况。由于经营目的的不同，森林成熟的时间也不同。所以经营目的是确定森林是否适宜采伐的主要依据。森林成熟主要有以下几种：

### （一）自然成熟

树木或林分从衰老到开始枯萎的阶段，称为自然成熟，达此状态的年龄称为自然成熟龄。它是以林木生理上自然衰老的现象为标准的，所以也称为生理成熟龄。此时，林分生长量呈负增长，材质变坏。自然成熟龄是森林经营中确定主伐年龄的最高限。

树木或林分的自然成熟到来的早晚取决于以下几个因素：

（1）树种。软阔叶树的自然成熟比针叶树和硬阔叶树早。

（2）林木起源。实生的树木或林分，其自然成熟比萌生的晚。

（3）立地条件。与良好立地条件相比，生长在不良立地条件下的树木或林分，其自然成熟较早。

一般情况下，不应等到林木达到自然成熟时才进行采伐，因为此时它们的经济价值已经降低，所以自然成熟龄不用于一般林业经营，只有在特殊情况下，如风景林、名胜古迹林和森林公园等具有特殊功能的森林中应用。

### （二）更新成熟

当树木或林分采伐后，能保证天然更新的状态，称为更新成熟。这一时期的年龄范围称为更新成熟龄，即更新成熟是林木更新能力最旺盛的时期。

考虑更新成熟，是为了充分利用自然力以实现经营目的。更新成熟可分为：

（1）种子更新成熟龄。种子更新成熟龄是指树木或林分开始大量结实的最低年龄。

（2）萌芽更新成熟龄。萌芽更新成熟龄是指树木或林分采伐后能保持旺盛萌芽更新能力的最高年限。

### （三）数量成熟

树木或林分的材积平均生长量达到最大数值的状态，就是数量成熟，达到这一状态的年龄称为数量成熟龄。

在数量成熟龄时加以采伐利用，可以获得平均最高材积，但并不能反映材质的高低。因此，它是采伐年龄的最低限。

数量成熟因树种的特性、起源、确定范围、立地条件和经营措施等因素而异。

（1）生长迅速的喜光树种，其数量成熟较生长缓慢的耐阴树种为早。软阔叶树较硬阔叶树生长快，所以数量成熟到来较早。

（2）如果确定范围是包括主伐（主林木）及各次间伐（副林木）在内的全林木时，则全林木的数量成熟龄要比主林木高些，一般高 10～20 年。这是由于间伐的材积在总生产量中的比重随年龄的增长而加大，因而推迟了数量成熟龄。

（3）同一树种，立地条件好的林分，其数量成熟较立地条件差的到来早。这是由于立地条件好的生长迅速，自然稀疏较强。

（4）同一树种不同起源的，则实生林比萌芽林数量成熟到来较晚。这是由于萌芽林早期较实生林生长迅速。

除此之外，同一树种在不同的气候条件下，其数量成熟龄差异也很大。

### （四）工艺成熟

当林分通过皆伐能提供粗度、长度和质量合乎材种规格要求的木材材积最多时的年龄，称为工艺成熟龄。

工艺成熟就其性质来说属于数量成熟的范畴，但它和数量成熟又不同。工艺成熟不仅涉及了木材的数量，并且明确了木材质量；而数量成熟只考虑了木材数量，并未指出它的质量。任何树木或林分，不论其生长的立地条件好坏，迟早会达到数量成熟龄；但工艺成熟龄则不然，不是任何立地条件下的林分或树木都能达到某一木材规格质量的工艺成熟龄。例如，在低地位级的林地上，要培育大径材是难以实现的。

### （五）防护成熟

当树木或林分发挥的防护作用最大时的年龄，就是防护成熟龄。超过这个年龄，防护性能就会逐渐降低。防护林的种类很多，要求的防护作用也不一样，但共同点主要是利用森林的间接效益。

由于森林不仅能生产木材、竹材和其他林副产品，而且具有许多防护作用，如涵养水源、保持水土、防风固沙和净化大气等多种效益，尤其对促进农牧业生产、城市环境以及整个自然环境的保护都具有积极的意义。因此，确定防护成熟，不仅需要考虑木材的数量和质量，更重要的是要从森林的有益性能上进行分析。

在论证有关防护成熟时，首先要研究与防护性能大小有关的主导因素，其次把防护性能的发挥和木材利用结合起来。

### （六）竹林成熟

竹林通常为异龄林，所以竹子成熟常以单株为对象，进行单株采伐利用。由于竹林与林木的生物学特性不同，所以竹林的成熟有它自己的特点。可分为工艺成熟、更新成熟、自然成熟。

### （七）特种经济林成熟

特种经济林的经营是以生产和利用特殊产品为目的，如果实、树液和树皮等。以特殊林产品的产量和质量最大最好的年龄阶段作为特种经济林的成熟龄。

在确定用材林的采伐年龄时，除了以有关森林成熟作为主要依据外，还要考虑国民经济计划和森林资源可持续发展的要求。

## 二、森林采伐方式

森林采伐是直接获取森林资源的一种手段，也是促进森林更新和为森林更新创造有利条件的重要环节。采伐不单纯是为了生产木材，更是为了保持森林的生态环境，维护和发挥森林的多种效益，改善森林的林木组成，提高森林质量，促进森林更新，提高森林生产力的有力措施。正确的采伐方式，是实现合理采伐，加速恢复森林资源，提高林木生长量的重要保证，是实现越采伐越多，越采伐越好，保持青山常在，永续利用的重要手段。我国幅员辽阔，地形复杂，树种和森林类型繁多，条件不一，必须采用反映林分特点和经济技术条件的采伐作业方式。采伐方式的确定，既要考虑经济技术条件，又要考虑自然条件。目前森林的采伐方式包括：①主伐；②抚育采伐；③更新采伐；④低产林分改造等方式。依照森林的生长规律、经营原理或利用目的，法律规定一定林种的采伐必须采用的方式，为森林采伐的法定方式。森林公安应了解各种采伐方式的条件、采伐对象和采伐目的，以正确判断采伐是否合法，从而保证正确执法。

森林采伐，不仅要考虑采伐年龄，而且要考虑采伐方式。在选用何种采伐方式时要注意三点：①考虑到森林的防护作用，采伐方式必须有利于水土保持、涵养水源，尤其对有水土流失危险的陡坡的森林采伐更须注意；②本着有利于恢复森林的原则，采伐方式为森林更新创造条件；③在合理采伐的前提下，采伐方式要有利于降低木材生产成本，提高劳动生产率。

### （一）主伐

对成熟林木的采伐利用，称为主伐。

森林主伐常采用不同的方式，主伐方式就是在预定要采伐的森林地段上，按照一定的方式配置伐区，并在规定的年限内，按照一定的要求进行采伐林木的整个程序。伐区，就是区划出来供采伐的森林地段，常指同一年拨交供采伐的森林地段，也常指具体的采伐小班。主伐方式基本上分为择伐、渐伐和皆伐三类。

### 1. 择伐

择伐是在一定时期内，把林分中部分成熟和应当采伐的林木进行单株采伐，把不成熟和不适合采伐的林木继续保留在林地上，使采伐后的林分仍然保持有各龄级的林木，为天然更新或促进天然更新恢复森林创造条件。更新起来的森林，多为复层异龄林。因此，凡是实行择伐的森林，应是复层异龄林，必须有良好的天然更新条件和所期望的目的种源。择伐按经营的集约程度分为集约择伐、粗放择伐；根据采伐木的分布情况分为单株择伐、群状择伐；根据经营目的和对采伐木的要求不同，分为更新择伐、经营择伐、径级择伐和采育择伐。

合理的择伐，应完成三项任务：①采伐利用已达成熟的林木；②为森林更新创造良好的条件；③对未成熟的各龄级林木进行抚育。为此，在上层林内要先采伐已达成熟的大径木。采伐以后，不仅为森林更新创造了空间，并且使下层各龄级林木获得更多的光照，改善了生长发育条件。在采伐成熟木的同时，必须首先伐去已遭受各种灾害的林木，如病腐木、虫害木、弯曲木和严重阻碍下层木生长的"霸王木"等。对虽已达成熟，但生长仍很旺盛的林木、附近伐孔需要依靠它下种的林木和需要它多繁殖后代的珍贵树种等可以推迟采伐。在中层林内，要采伐濒死、枯立和干形不好或冠形不良的树木，采伐密度过大处的质量低劣的林木和非目的树种，有利于保留木的生长发育；在下层林内，采伐不能成材的被压木、弯曲木、非目的树种，有助于中层林木的良好整枝和庇护幼苗幼树的生长；在林木较稀的林分，采伐强度可以小些，保留木的径级和年龄可以比一般林分稍大一些，以免引起森林环境过大的变化，对林木生长不利。采伐强度可用两个指标来控制：①采伐的林木蓄积量占伐前蓄积量的百分比；②采伐后树冠投影面积的比例，即郁闭度（以十分法表示）。用材林的采伐强度不得大于伐前立木蓄积量的40%，伐后林分郁闭度应当保留在0.5以上。对伐后容易引起林木风倒、自然枯死的林分，择伐强度要适当降低，一般不得大于伐前蓄积量的30%，伐后林分郁闭度保留在0.6以上。

总之，合理的择伐，必须是"采坏留好，采老留壮，采大留小，采密留均"，把采伐和培育有机地结合起来。

只要是不按以上要求进行的采伐，均属不合理采伐。

### 2. 渐伐

渐伐是把林分中所有成熟林木，在一定期限内（不超过1个龄级），分两次、三次或四次采完的一种采伐方式。它的特点是在数次采伐过程中，为林下更新创造条件，全部采完后，林地要更新成林。渐伐，主要是在天然更新能力强的成过熟单层林，或接近单层林的林分内进行。按传统的方法，渐伐分四次采伐。

（1）预备伐

预备伐是为天然更新准备条件的第一次采伐。应在郁闭度大或树冠发育较差、林木密集和死地被物层较厚、妨碍种子发芽和幼苗生长的林分中进行。伐去病腐和生长发育不良的树木，以促进保留的优良林木结实，加速死地被物的分解，改善土壤的理化性质，为种子发芽和幼苗生长创造条件。采伐强度为15%～25%，伐后郁闭度为0.6～0.7。

（2）下种伐

预备伐几年后，为了疏开林木，促进树木结实和创造幼苗生长的条件而进行的采伐。这次采伐，要结合种子年进行。伐后，对林地适当松土，以便更多的种子与土壤接触，生根发芽。采伐强度为 25% ～ 35%，伐后郁闭度为 0.4 ～ 0.6。

（3）受光伐

受光伐是为了满足下种伐后，生长起来的幼苗、幼树，对光照逐渐增加的需要而进行的采伐。此时，幼苗、幼树仍需要森林环境的保护，林地还须增加更新的数量。采伐强度控制在 10% ～ 25%，伐后郁闭度为 0.3 ～ 0.4。

（4）后伐

后伐是在受光伐 3 ～ 5 年后，幼树接近或达到郁闭状态，抵御日灼、霜冻和杂草的能力增加，老树成为幼树生长的障碍时，伐掉全部老树。

渐伐是一种技术要求强的采伐方式，其目的在于保证森林更新和加速保留木的生长，但是在大规模生产的情况下很少采用。

渐伐作业，对采伐木的选择，应注意三点：①有利于改善林内卫生状况，维护良好的森林环境。故应砍伐生长慢的林木、已受病虫害侵袭的林木、损伤木、枯梢木、弯曲木、多杈多节木、畸形木以及树干细高、树冠过于窄小、发育不正常的林木和过熟的大径木；②有利于幼林和保留木的生长，应尽量将树干通直、圆满、树冠发育良好、生长迅速、尚有生长潜力的林木，保留至最后采伐；③有利于树木结实、下种和天然更新。要使具有优良遗传性的树木能得到更多繁殖下一代的机会。必须使主要树种，特别是珍贵树种和稀有树种得到繁衍和发展。要尽可能抑制次要树种的繁殖。

### 3. 皆伐

皆伐是在一定的条件下，把林分中的林木，一次采完或基本采完的一种采伐方式。它适于天然林的成过熟单层林、中小径林木少的异龄林和遭受自然灾害的（如火烧、病虫和风折等）林分。其主要目的是使已经停止生长或生长缓慢的成过熟林木和受害木尽快地得到更替，减少森林资源的自然损失，满足国家建设的需要。皆伐也是低产林分改造的措施之一，如对密度小、多代萌生、生长率低的山杨、白桦、栎类等进行皆伐，然后引进目的树种，可改造成为生长较快的人工林。对营造的人工林，除有意诱导成复层异龄林外，大部分实行皆伐。

由于皆伐对环境改变比较剧烈，如不及时更新造林，则林地上的幼苗易受到日灼和霜冻；迹地上的杂草、灌木易于生长，给整地植苗和幼林抚育带来困难；失去水源涵养作用，容易引起水土流失等。所以皆伐面积应严格控制。

（1）规定了皆伐的适用范围，主要在成过熟单层林和幼树少的复层异龄林内进行。皆伐面积一般不超过 5 hm²，在地势平缓、土壤肥沃、更新容易的林地，皆伐面积可以扩大到 20 hm²。为了发挥森林的防护作用，不论皆伐面积有多大，都要保留相当于采伐面积的保留带或块。

（2）根据我国山地森林地形复杂的特点，采伐带或块的区划，应以地形地势进行自然区划。在地形复杂且坡度较大的山坡地，可设计不规则的块状伐区；在地形比较平坦的地段，可设计带状或块状的伐区。设计和采伐时，要注意为保留带、块的采伐创造条件。

（3）为发挥森林的防护作用和促使采伐后及时进行更新，保留带的采伐要在伐区更新幼苗生长稳定后进行。北方和西南、西北高山地区，要在更新后5年进行采伐，南方要在更新后3年进行采伐。以上规定既符合我国现在经营利用森林的要求，又符合我国其山形地势的复杂情况，同时也有利于森林更新。

## （二）抚育采伐（间伐）

抚育采伐是在未成熟的林分中，为了给留存的林木创造良好的生长发育条件，而采伐部分林木的森林抚育措施。通过抚育采伐可以获得一部分木材，但是以抚育为主要目的，而不是单纯获取木材。

抚育采伐，应达到以下目的：①在纯林内，通过抚育及时调整林分密度，达到合理株数；在混交林内，既要调整林分密度，又要调整树种比例，促进林分结构合理；②在复层林内，形成良好的层次结构，能充分利用营养空间，提高林木生长量，改善林分质量；③缩短林木培育期限，提高单位面积的木材数量（包括间伐的木材数量）和经济效益；④改善林分卫生状况，增强林木对各种自然灾害的抵抗力；⑤增强森林防护和多种效益的作用，如防护林内，通过间伐，造成良好的垂直结构，以保证林带合理的透风性能；在母树林内，通过间伐，为林木创造良好的结实条件。

抚育采伐，要坚持正确的指导思想和原则，应首先对那些郁闭度在0.9以上，或受上方庇荫影响生长的人工幼龄林和天然中幼龄林内，进行透光抚育。防止以抚育为名，哪里出材多就在哪里抚育的错误做法。

抚育的方法主要有三种：

### 1.透光抚育

一般在幼林内进行。对混交林主要是调整林分组成，同时伐去目的树种中生长不良的林木；对纯林，主要是间密留稀，留优去劣。

### 2.生长抚育

一般在中龄林内进行。目的是加速林木生长，伐除生长过密和生长不良的林木。其中又包括：①下层抚育，伐去下层林冠中生长落后、径级较小以及快要死亡或已经枯死的林木；②上层抚育，伐除的主要是那些组成上层林冠的林木（如分权、多节、多顶、弯曲和有严重缺陷的林木）；③综合性抚育，主要在以中幼龄林为主的林分内进行，如在林龄、树种和大小不同的天然林内，或由于抚育跟不上，造成人工林分化严重的林分。在各林层中选择采伐木。

### 3. 卫生抚育

它是为改善林内卫生状况而进行的抚育采伐。只有当林分突然遭受自然灾害，如风、雪、雾凇和病虫等危害，大量林木被损害时，才单独施行。

抚育采伐的强度，是至关重要的问题。合理的采伐强度，应达到以下要求：①保持林分的稳定性，不能因林木稀疏而招致自然灾害；②提高林木的干形质量，改善林分的生长条件；③形成林分的优良结构，提高防护功能和其他效益。在用材林内，人工林抚育后，郁闭度不应低于 0.6，天然林不应低于 0.5。

抚育采伐木的选择原则：①淘汰低价值树种的林木。如果低价值林木生长良好，而与其相邻的价值较高的树种有严重缺陷或无培育前途时，或低价值林木能庇护土壤，改良土壤时，可以不进行采伐；②淘汰劣质和生长落后的林木。劣质木是指双权、多梢、弯曲、多节、偏冠和尖削度大的林木。生长落后的林木是指生长羸弱、低矮、细高以及未老先衰的低生长级的林木；③砍伐有碍林分环境卫生的林木；④保留有助于益鸟、益兽、珍稀动物栖息和繁殖的林木。

总之，抚育采伐时，应尽量伐去价值较低、生长落后和有碍森林环境卫生的林木，而保留价值较高和生长旺盛的林木。在生产实践中，有人将它总结为"三砍三留"，即砍劣留优、砍小留大、砍密留匀，有的地方还总结为"五砍五留""七砍七留"等。根本的原则应该是"留优去劣"。

### （三）更新采伐

更新采伐也叫经营性质的采伐。它不以获得木材为主要目的，而是为了恢复和提高防护林和特种用途林的有益效能而进行的采伐。采伐后，为更新创造良好的条件。这些森林的采伐年龄，一般是在林分成熟后，森林的有益效能开始下降时进行。可采用强度小的择伐，或 3 hm² 以下的小面积皆伐，采伐后要在 1 年内全部更新。

以下情况不允许主伐，只能进行更新采伐：

1. 为了发挥森林的水源涵养作用，在大中型水库周围，大江、大河两岸，保留一定面积的森林。

2. 为了美化路景、保护路基，铁路两侧各 100 m，公路干线两侧各 50 m 范围内的森林。

3. 森林分布与气候、水分有非常密切的关系。海拔超过一定高度，便不能生长森林，此即森林分布的上限。在西南西北林区，一般在海拔 4 000 m 左右，气候寒冷，树木生长不良，采伐后，更新十分困难，因此只能进行抚育和更新性质的采伐，或任其自生自灭，自然演替。还要注意的是，在西南、西北高山林区的山原地带（草地），分布着面积大小不同的群团状的森林。这些森林，处于高原森林与草地过渡地带，对促进牧业发展，有着十分重要的作用，也不应进行主伐，可以进行抚育、更新性质的采伐。

4. 对于生长在陡坡和岩石裸露地的森林，不准进行主伐。这是因为坡度大和岩石裸露的地方，森林采伐后会造成水土冲刷，使更新困难。

### （四）低产林分改造

根据森林经营的要求，将劣质低产的林分改造成为优质高产林分的营林技术措施，也就是对树种组成、郁闭度、森林起源以及生长状况等不符合经营要求的林分，采取综合的营林措施，使其转变为能生产大量优质木材和其他多种产品，并能充分发挥各种有益效能的优良林分。

需要改造的林分如下：①树种组成不符合经营要求的林分；②郁闭度在 0.2 以下的疏林地；③经多次破坏性采伐，无培育前途的残林；④生长衰退的多代萌生林；⑤遭受严重火灾、风灾、雪害以及病虫害等自然灾害的林分；⑥生产力过低的林分，林木产量过低，甚至不能培育成材的林分。

林分改造的原则是：变无林为有林，变灌丛为乔林，变疏林为密林，变萌生为实生，变杂木阔叶林为针阔混交林。

林分改造的方法，分全部改造、局部改造及综合改造。绝不是一提改造，就是全部"剃光头"。

但必须指出，虽然林分的生产力较低，但有固沙、护堤等特殊意义的林分，根据情况有时也不急于列为改造对象。

为了实现合理采伐，国有企事业单位和集体林场进行采伐，应注意下列事项：

**1. 必须按照伐区顺序采伐**

采完一块，再采另一块。绝不允许采好的留坏的，采一块丢一块，更不准越界采伐。

**2. 按技术规定操作，确保作业质量**

采伐时应对要采伐的林木挂号，以免发生应采的未采，不应采的采了，或采伐超过了规定的强度等问题。采伐时应先采病腐木、风折木、枯立木以及影响目的树种生长和无生长前途的林木。如果达到或超过了规定的采伐强度，已挂了号的采伐木也不能再采了。

### 3. 保护好幼苗幼树

幼苗幼树是实现天然更新、恢复森林的主要条件。因为保留下来的幼苗幼树，是在原有的森林环境条件下生长发育的，适应原有的生活环境，减少了人工培育过程，可以大大节约更新费用。

### 4. 充分利用资源

充分利用资源可以减少伐区丢失木材，不仅减少采伐面积，还可减少更新工作量，而且能够延长森林采伐年限，为森林可持续发展创造条件。降低伐根，也是充分利用森林资源的一个重要方面。

### 5. 及时清理伐区

及时清理伐区是木材生产的最后一道工序，是恢复森林的一项重要经营措施，有利于森林更新、病虫灾害防治和火灾预防。

### 6. 对集材主道要采取防止水土流失的措施

因为集材主道处于伐区作业林班的中心，运往装车场的木材都要经过集材主道运到山下，使用频度高。从地势来看，集材主道处于"主沟"的位置，从修建到使用的过程，破坏了地表，也就是破坏了森林的地被物，很容易造成水土流失。

为确保森林采伐的质量，森林采伐后，核发林木采伐许可证的部门应当对采伐作业质量组织检查验收，签发采伐作业质量验收证明。检查验收的主要内容是对主伐、抚育采伐、低产林改造的作业质量进行检查。凡合格的，就签发伐区作业质量验收合格证，作为下一次申请采伐许可证的证明；不合格的，应根据具体情况提出处理意见。

# 第二节　森林采伐限额管理

## 一、森林采伐限额概述

森林采伐限额是指编限单位按照规定方法编制，并按照一定程序申报，经国务院批准的年度允许采伐森林、林木蓄积的最大限量。它是一项法定指标和指令计划。森林采伐限额制度的原则是用材林的消耗量低于生长量。中央政府确定一个全国统一的采伐限额方案，然后由各省林业厅将限额分解下放给省内各地区。实行森林采伐限额制度是依法治林的基本要求，是控制森林资源消耗的有效手段，是保证林业实现历史性转变的有力保障，是科学经营森林的重要体现。

森林采伐限额管理制度是在认真总结我国林业管理经验，针对我国森林资源不足的实际，吸取国外森林资源管理先进做法的基础上，由《森林法》规定的一项法律制度和保护发展森林资源的一项根本性措施。国家根据用材林的消耗量低于生长量的原则，严格控制森林年采伐量，对森林实行限额采伐制度，是国家确定的一项重要的法律制度，是控制森林资源过量消耗、保证森林资源持续增长的核心措施，是统筹林业经济、生态、社会效益的重要手段。坚持对用材林采伐进行控制，制定合理的年采伐限额，是宏观控制森林资源消耗，保证实现森林可持续发展的重要措施。用材林采伐方式和采伐量是否得当，直接关系到合理利用森林资源和森林再生产问题。为控制森林资源的消耗，必须实行限额采伐，国家所有的森林和林木以国有林业企业事业单位、农场、厂矿为单位，集体所有的森林和林木、个人所有的林木以县为单位，按照合理经营、可持续发展的原则，制定年森林采伐限额。采伐限额是对森林和林木实行限制采伐的最大控制指标，依照法定程序和方法对所有森林的林木分别林种测算并经国家批准的合理年采伐量。长期以来，我国森林的消耗量大于生长量，木材供需矛盾十分尖锐；同时，由于森林资源的减少，致使生态环境恶化。为了恢复和扩大森林资源，合理采伐森林资源，必须实行限额采伐。

## 二、采伐限额的实施范围

　　1. 正常的人为采伐林木，除《森林法》规定严禁采伐的森林和林木外，包括各种森林和林木的主伐、抚育采伐、更新采伐、林分改造等各种采伐消耗的总额。国有林业企事业单位、机关、团体、部队、学校和其他国有企业单位的林木采伐，农村集体经济组织的林木采伐，农村居民自留山和个人承包集体的林木采伐；铁路、公路的护路林和城镇林木的更新采伐都必须纳入年森林采伐限额。采伐限额是指立木材积。

　　2. 紧急抢险，必须就地采伐的林木数量，以及除木材生产计划外，一些临时性的采伐消耗量。

　　3. 非正常人为活动消耗的资源，如盗伐滥伐、毁林开荒的消耗量，也必须列入森林采伐限额。

　　年采伐限额不包括因自然灾害（如森林火灾、病虫害）以及森林自然枯损等导致森林资源发生损失的数额。《森林法》规定严禁采伐的特种用途林中的名胜古迹和革命纪念地的林木、自然保护区的森林和林木、农村居民自留地、房前屋后个人所有的零星林木，不计算在年采伐限额以内。

　　省级林业主管部门可在国务院批准的年商品材采伐限额内预留不超过8%的指标，以备征占用林地等原因采伐林木时使用。因自然灾害等特殊情况须临时增加森林采伐限额的，由省（区、市）人民政府向国务院申请，国务院授权国家林业主管部门审批，没有采伐限额的单位和部门，不得采伐林木。执行年森林采伐限额是实施天然林资源保护工程的重要措施之一。长江上游、黄河上中游天保工程区，要坚决停止对天然林的商品性采伐。

### 三、制定年森林采伐限额的依据

年森林采伐限额的测算主要是以森林资源的实际情况和森林资源规划设计调查数据为依据，或者依据上级林业主管部门审定的最新森林资源调查成果或森林经营方案所确定的合理年采伐量，实际上就是各单位年度森林资源消耗的最大限量，也可以说是森林资源采伐消耗限额。在尚未编制森林经营方案的单位，应根据上级林业主管部门审定的最新森林资源调查成果或森林资源档案，根据森林面积、蓄积、林种、树种、林龄、森林资源变化情况、采伐方式和采伐周期等因素按照规定的要求测算。

确定采伐限额必须按照用材林的消耗量低于生长量的原则进行。因为森林属于再生性资源，只要量入而出，不吃老本，就可以依靠人工和自然力得到恢复和发展，实现可持续发展的目标。否则，采伐量大于生长量，长期出现"赤字"，资源就会越来越少，甚至枯竭。严格坚持用材林消耗量低于生长量的同时还要考虑林龄结构，凡成过熟林比重大的林区（用材林的成熟林和过熟林蓄积量超过用材林总蓄积量的2/3），生长率不高，生长量不大，按生长量采伐，往往成过熟林得不到及时利用。因此，对成过熟林比重大的林区，消耗量可适当大于生长量，但超过的数量，必须以能够实现轮伐量为标准。只有这样才能使森林资源越采越多，越采越好，实现可持续发展，充分发挥森林的生态效益、经济效益、社会效益。

在既未编制森林经营方案，又无最新森林资源调查成果或森林资源档案的单位，其年森林采伐限额应由地方人民政府、上级主管部门进行资源测算，暂定年森林采伐限额。

对于用材林以外的林种，由于其培育的目的与用材林不同，所以制定年采伐限额的原则也不同，对其他林种的森林和林木应以符合合理经营的要求为依据，制定年采伐限额。实行年森林采伐限额制度就要求经营森林的地区和单位，依照法定的程序和方法，对本经营区内的森林、林木进行科学的测算，确定因采伐森林构成资源消耗的年度最大限量。

### 四、采伐限额的审批

1. 国家所有的森林和林木以国有林业企事业单位、农场、厂矿为单位，集体所有森林和林木、个人所有的林木以县为单位，制定的采伐限额由省（区、市）人民政府林业主管部门汇总、平衡，编制本行政区年森林采伐限额汇总表和说明，经本级人民政府审核后，报国务院批准。

2. 重点国有林区的森林采伐限额，直接上报国务院批准。

3. 为了适应改革开放形势下的发展，鼓励外商投资造林，利用外资营造的用材林达到一定规模需要采伐的，应当在国务院批准的年森林采伐限额内，由省（区、市）人民政府林业主管部门批准，实行采伐限额单列。

各省（区、市）在核定本行政区年森林采伐限额时，对用材林应按照消耗量低于生长量的原则，对其他林种的森林和林木应以符合合理经营的要求为依据。各省（区、市）年度森林资源总消耗量不得超过批准的年采伐限额。国家和省（区、市）在制订年度木材采伐计划时，应留有余地。

国务院批准的年森林采伐限额是具有法律效力的森林采伐控制指标，各单位都应严格遵守，非经法定程序批准，不得突破。

全国森林采伐限额每5年修订1次，各省（市、区）根据森林资源及经营情况，在执行期满的前一年，将本行政区年采伐限额调整意见报国务院林业主管部门，由国务院林业主管部门提出全国修订方案报请国务院批准。

各行政区可根据本地区年森林资源特点和林业经营情况，制定实施细则，并报国家林业主管部门备案。

### 五、采伐限额的监督与检查

地方各级人民政府要加强领导，严格执行国务院批准的采伐限额，坚决制止超限额采伐，尤其要采取切实可行的措施，有效地制止盗伐滥伐。根据森林资源状况，合理分配、落实基层单位的森林采伐限额指标；发放的采伐许可证不得超过批准的年森林采伐限额。各级计划部门制订和下达年度森林采伐计划所消耗的森林资源不得超过本地区年森林采伐限额。在特殊情况下，需要超限额采伐时，必须经国家林业主管部门批准后方可实施，否则要追究林业部门和地方人民政府的责任。

地方各级人民政府应按照《森林法》《森林法实施条例》的规定，加强森林资源管理机构的建设，配备精干的资源管理人员，制定切实可行的规章制度和有效的检查监督办法，严格森林资源管理和采伐监督，建立权责明确的监督体系。由国家法律法规、行政规范明确监督机构的执法权限、范围以及处罚规定，使各级监督机构在各个方面、各个过程或环节都有法可依，有章可循。做到全方位、全过程的依法监督，才能确保监督机构依法行政的严肃性，有效地深入推动森林采伐限额制度的落实，不断完善和健全国有森林资源监督检查考核指标体系，不断改进和完善森林资源监督手段。改善和加强森林资源监督机构的装备，运用计算机、卫星遥感监测等先进手段和科技成果，强化动态监督，不断提高监督水平。同时，要坚持以所有者监督为主，不断探索和开拓监督管理的新途径。充分运用监督检查的成果，发挥新闻媒体舆论监督的作用。引导职工、群众充分发挥民主监督的作用和各级监督机构"参与、监督、耳目"的作用，共同维护国有森林资源的权益；坚持监督寓于管理之中，督促所驻地区认真落实保护和发展林业目标责任制，不断加强以采伐限额为核心的森林资源保护和管理。帮助企业完善自我监督，按照《公司法》《企业法》的要求，建立和完善企业内部约束机制，自觉履行保护国有森林资源安全完整和促进资源保值增值的职责，使森林采伐限额制度真正落到实处。要严格履行法律法规和部门规章赋予的监督职责，加大监督检查的执法力度。对无视法律规定，擅自决定超限额采伐林木而造成的过量采伐、盗伐滥伐的要将其绳之以法，震慑犯罪，从而依法保障森林采伐限额制度的实施。

森林采伐限额检查以依法编制森林采伐限额的县（局）为单位。核查范围是被核查单位上一年度采伐林木的数量和限额执行情况。森林采伐限额执行情况检查采取查阅资料与系统抽样相结合的方法进行。

国有林区森工企事业单位的森林资源管理机构，在业务上，既受本单位领导，也受上一级林业主管部门的领导，以上一级林业主管部门为主。对违反《森林法》《制定年度森林采伐限额暂行规定》的单位或个人，应按《森林法》及国家林业和草原局、公安部《关于森林案件管辖范围及森林刑事案件立案标准的暂行规定》处理。

## 六、森林采伐限额制度的改革

科学而准确地编制采伐限额是森林采伐限额制度达到逐步增加森林面积及森林蓄积量的目的的首要保证，如果采伐限额的编制本身就是不准确的，森林采伐限额制度的功能就无法实现。对于商品林年伐量的确定要用生长量控制采伐量，除了遭受严重灾害需要及时清理迹地或进行抢救性采伐外，年伐蓄积一般不能超过年净生长量；对于生态公益林，要在法规、条例和规程允许的范围内，根据不同林种的特点和林分的实际情况，只能进行更新采伐或改造性采伐。由于森林资源本身的动态性和复杂性，森林资源的数量、质量及内在结构都处于不断的变动之中，这种特点决定了行政辖区或经营单位制定森林年采伐量的复杂性，从而导致了采伐限额编制依据不够准确。

经国家批准的森林采伐限额必须分解并分配到森工企业及林场才能得到落实，但被分配到采伐指标的有些单位自觉性不够，个别的林业企业仍有超限额采伐的行为。很多超限额采伐行为是由地方政府与企业法人引起的，而且在很多情况下，超限额采伐行为也并非是简单的违法犯罪行为，其背后大都有很多无奈的理由。有的森工企业是为了清偿沉重的债务，或者为了支付工人工资，维持企业的基本生存而被迫超限额采伐，对于这样的"违法犯罪"行为，执法部门、司法部门处理起来常因他们"事出有因"而感到左右为难。

现行的采伐限额制度妨碍了社会资金投资林业的积极性。从所有权考虑，社会资金投资林业所形成的林木应当属于投资者所有，他们完全可以按照自己的意志在不损害他人利益的前提下处理自己的林木。但是，在采伐限额制度下，社会资金投资所形成的林木仍然要受到采伐限额的约束，投资者无法按照自己的意志行使自己的所有权，客观上妨碍了投资者投资林业的积极性。一些社会投资者虽然投资进行了造林，但因为其所造林木大多是生态公益林，无法取得采伐指标，不能进行商品材生产与销售，使投资者陷入了"守着金饭碗讨饭吃"的怪圈。

我国每年确定的森林资源的消耗限额是 2.7 亿 $m^3$。在南方的重点集体林区，采伐限额指标有 40% 富余，但有些地方又存在采伐难的问题，一些林农，特别是以集体林权制度改革、家庭承包形式分到林地的老百姓，却感觉没有采伐限额指标。主要原因有两个：①采伐限额指标的分配不公平、不透明，急需指标的却拿不到指标，个别地方还存在倒卖指标的现象；②申请采伐限额指标的程序过于复杂、时间过长，使得林农感觉不方便，不愿意去申请。同时，个别地方在家庭承包到户之后，担心出现乱砍滥伐现象，存在着有指标不愿下放的现象。

无论是林业管理部门、林业从业人员还是研究人员，都意识到了现行森林采伐限额制度面临的问题及存在的弊端，提出了改革和完善现行采伐限额制度的设想：①尽快完成森林分类区划。由国家林业和草原局会同有关部门制定森林分类区划标准与方法，各地按照区划标准与方法尽快完成森林分类区划工作，在将森林资源区划为生态公益林和商品林的基础上，将生态公益林进一步区划为国家重点公益林和地方重点公益林，将商品林进一步区划为天然商品林和人工用材林；②根据森林分类区划制定不同的限额采伐措施。对于重点生态公益林特别是国家重点生态公益林，实行禁伐，严格保护，只能进行抚育性采伐或者改造性采伐；对于天然商品林实行限伐措施，确保人工商品林的采伐额度。对天然商品林和人工商品林分别编制采伐限额并执行；③建立生态效益补偿机制。将生态效益补偿基金纳入中央和地方财政预算，对生态公益林分别由中央财政和地方财政给予相应的补贴；对集体及私人业主营造的林木被区划为生态公益林的，由国家收购，不愿意被区划为生态公益林的，当地林业主管部门应当与集体或私人业主签订禁伐、限伐协议，并给予相应的补偿；对于私人业主营造的商品林，其不愿意继续经营又不能转让给他人的，也应当由国家予以收购并给予一定的补偿；④加强采伐限额制度执行的监督检查。加强对生态公益林、天然商品林伐前调查设计、伐后验收、采伐更新等各个环节的监督检查。对人工商品林的采伐限额予以放宽，主要由经营者按照森林经营方案确定。需要注意的是，人工商品林的采伐同样事关生态环境和水土保持，经营者应当严格按照森林经营方案的内容实施，林业主管部门则应当加强对森林经营方案实施的监督检查。目前，森林采伐限额改革已经取得了一些进展，如放开竹林采伐，非规划林地上的林木不纳入限额管理，可自主采伐，实行采伐指标分配公示制度等。有的地方正在试点网上申请、网上审批、网上办证，实行一站式服务。为了使采伐制度更科学，采伐限额指标申请程序更加简单、公开和透明，更好地服务林农，应不断完善现行的采伐限额制度。

## 七、木材生产计划

"木材生产计划管理"在我国已有多年的历史，但我国经济体制改革以前的"木材生产计划"是计划经济的产物，主要考虑国家计划的需要，是以需定产的，而且和森工企业的利润指标相联系，和现行的采伐限额计划管理有着本质的区别；而现行的木材生产计划，是森林采伐限额组成部分之一，是年度商品材生产的指令性控制指标，不是必须完成的木材生产计划，它和采伐限额的区别，只是森林采伐中部分与整体的关系。

制订年度木材生产计划，是保证消耗量低于采伐量的有效手段。国家制订统一的年度木材生产计划。年度木材生产计划不得超过批准的年采伐限额。计划管理的范围由国务院规定。木材生产计划是国家用来控制和确定采伐量的主要手段，是保证年采伐消耗量不突破年采伐限额的重要措施。木材生产计划由国家根据"年度木材生产计划不得超过批准的年采伐限额"的要求统一编制下达。国家木材生产计划一经批准下达，即成为控制全国商品材的行政指令性指标，所有地方、部门和单位都必须严格执行，不得层层加码，不得搞计划外采伐，更不得突破年采伐限额下达木材生产计划。年度木材生产计划是综合森林资源情况、国家用材需求和林业生产条件等因素确定的。年度木材生产计划指标是木材生产单位木材生产的最高限量，各生产单位均应依法严格执行，不得超越木材生产计划指标采伐森林。这是林业计划管理体制上的重大改革，体现了木材生产计划管理属于采伐限额管理的一部分。

采伐森林、林木作为商品销售的，必须纳入国家年度木材生产计划；但是，农村居民采伐自留山上个人所有的薪炭林和自留地、房前屋后个人所有的零星林木除外。包括：①国有林业局、国有林场等全民所有制单位经营的森林和林木生产的自销材、自用材等一切木材；②集体所有制单位的森林和林木生产的木材；③农村居民自留山林中生产的木材。上述单位不管是通过主伐、抚育采伐，还是低产林分改造等各种采伐方式生产的木材（包括商品薪材），都必须纳入国家木材生产计划内，也就是实行全国木材生产计划一本账，由国家统一控制。列入计划管理范围内的资源消耗量和未列入计划管理范围内的资源消耗量之和，不得超过年采伐限额。

应根据森林资源情况、国家用材需求和林业生产条件等因素，以及未纳入计划管理范围内的资源消耗情况，确定年度木材生产计划。

年采伐限额是制订木材生产计划的依据，木材生产计划是限额的具体实施。二者都是控制采伐量的指标。但二者的区别在于：①年采伐限额是以"蓄积"表示的，而木材生产计划是以"材积"表示的；②木材生产计划是商品材材积，而采伐限额是立木材积。因此，木材生产计划要小于采伐限额。此外，年采伐限额要包括国家年度木材生产计划（计划内采伐量）和计划外采伐量。如果将限额当成木材生产计划，其结果必然会使年森林消耗量超过年采伐限额；限额不下到乡、村，而木材计划要下到乡、村，如将限额当计划下到乡、村，由于有部分不属计划管理的采伐，会造成超限额采伐，木材生产计划每年制订 1 次，年采伐限额每 5 年调整 1 次。

年度木材生产计划经国家批准下达后，即成为指导木材生产单位生产的指标，各生产单位均应依法严格执行。木材生产计划管理是依据我国国情林情决定的，用来控制、确定年度商品材消耗林木的数量，保证商品材年采伐量不突破相应的采伐限额的具体措施。按照《森林法》《森林法实施条例》的有关规定，国家制订统一的年度木材生产计划，不得超过批准的年采伐限额，采伐森林、林木为商品销售的，必须纳入国家年度木材生产计划，超过木材生产计划采伐森林或者其他林木的，按滥伐林木处罚。

木材生产计划不得超过批准的年采伐限额，但森林经营者是以实现自己的经济利益最大化为前提，在市场经济条件下，经营者会想方设法地逃避政策，增加采伐量。这也为木材计划的实施带来了一些问题。

# 第三节  森林采伐许可证管理

## 一、凭采伐许可证采伐的作用

### （一）可以有效地控制森林采伐量

实现限额管理，只有通过施行林木采伐许可证制度，把单位和个人分散采伐林木的数量纳入国家年采伐限额中去，才能以实现"严格控制森林年采伐量"的目的。采伐许可证必须标明林种、采伐地点、面积、方式、树种、蓄积（株数）、林龄、期限和完成更新造林的时间等。申请人和审批人对申请和审批工作都要高度负责，接受监督。审批人只有对采伐作业进行认真的调查审批，才能有效地控制木材总产量和制止盗伐滥伐等不合理采伐。

### （二）可以促进森林分类经营

实行采伐许可证制度，可以帮助和引导森林经营者科学地经营利用森林资源。申请森林采伐许可证，需要注明采伐森林的情况，林业主管部门审查后认为不应该采伐的，不予批准，如申请人将防护林作为用材林申请的，采伐的森林未达到成熟年龄的等，林业主管部门可以不予批准。这样可以按照林种和林分状况，选择合理的经营方式，有利于保护森林，发展林业和科学经营利用森林资源，对实现可持续发展具有重要意义。

### （三）可以促进伐区作业质量的提高

实行采伐许可证制度，把伐区作业质量的好坏作为能否发放采伐许可证的一个条件，所以申请采伐许可证的单位，能够主动加强伐区作业质量管理，避免采伐质量低、清理场地差的现象发生，从而更充分地利用了森林资源，减少了资源的浪费。对伐区作业不符合规定的单位，发放采伐许可证的部门有权收缴采伐许可证，中止其采伐，直到纠正为止。因此，采伐许可证制度的实施有利于伐区作业质量的提高。

### （四）可以促进采伐迹地及时更新

提出申请采伐许可证的单位或个人，必须按照采伐许可证规定的更新面积、株数、树种、措施和期限完成更新造林任务。如不能按照规定完成更新任务，发证机关有权不再发给其采伐许可证。同时，可以及时纠正违章采伐和不按规定的更新作业。

### （五）可以提高木材利用率

执行采伐许可证制度，森林采伐单位通过加强伐区管理，尽量将木材运出利用，减少木材的损失浪费。

林木采伐许可证管理是保证采伐限额得以落实的一项重要措施，是维护森林、林木所有者、经营者合法权益，控制不合理采伐消耗森林资源，确保森林资源持续增长，防止盗伐滥伐等违法行为发生的有效手段。

## 二、实行采伐许可证的范围

采伐林木必须申请采伐许可证，按许可证的规定进行采伐；农村居民采伐自留地和房前屋后个人所有的零星林木除外。同时，根据国家林业主管部门关于限额采伐管理的有关规定，凡须申请林木采伐许可证的森林和林木，从所有制形式、林种及采伐方式三个角度考虑。

1. 从所有权上看，包括国有林业企事业单位、机关、团体、部队、学校和其他国有企事业单位的森林和林木；铁路、公路的护路林，水利设施、农田土地上的防护林和城镇林木；集体所有制单位的森林、林木和联营性质的林木；个人经营的自留山、责任山的林木和承包经营的林木。

2. 从林种上说，凭证采伐的范围包括用材林、经济林、防护林、薪炭林以及特种用途的国防林、母树林、自然保护区的试验区林木和风景林，也包括生产竹材为主的竹林。

3. 从采伐方式上说，凭证采伐范围包括主伐、抚育采伐、低产林分改造、更新性质的采伐和卫生伐、工程建设征占用林地上林木采伐和临时性采伐等所有采伐方式的采伐。

下列情况不需要申请林木采伐许可证：①因扑救森林火灾、防洪抢险等紧急情况需要采伐林木的，可以在没有申请采伐许可证的情况下先采伐林木以应急，但组织抢险的单位或者部门应当自紧急情况结束之日起 30 日内，将采伐林木的情况报告当地县级以上人民政府林业主管部门；②采伐不是以生产竹材为主要目的的竹林；③农村居民采伐自留地和房前屋后的零星林木及薪炭林。

### 三、林木采伐许可证的申领

林木采伐许可证一般可分为国有林林木采伐许可证和集体、个人所有林林木采伐许可证两种形式，内容主要包括采伐的地点、面积、蓄积（株数）、树种、方式、期限和完成更新造林的时间等。实行凭证采伐制度，可以根据已经批准的年森林采伐限额，严格控制森林采伐量。实行采伐许可证制度，是《森林法》规定的森林保护管理的重要法律制度之一。采伐许可证是采伐行为的依据，采伐者应当依法提交申请文件，经法定程序审批取得采伐证后，才可按采伐证的规定内容进行采伐，并及时完成更新造林任务。

#### （一）采伐许可证的发证机关

单位或者个人采伐林木必须依法向有关具有审批权限的部门提出申请并按以下规定申领采伐许可证：

1. 国有林业企事业单位、机关、团体、部队、学校和其他国有企事业单位采伐林木，由所在地县级以上林业主管部门依照有关规定审核发放采伐许可证。

根据《森林法实施条例》等有关规定，审核发放采伐许可证的部门是：①县属国有林场和机关、团体、学校，由所在地的县级人民政府林业主管部门审核发放；②省（区、市）和设区的市（州）所属的国有林业企业事业单位、其他企业事业单位和部队，由所在地的省（区、市）人民政府林业主管部门或者其授权的单位审核发放；③国务院确定的重点国有林区的国有林业企业事业单位或国务院林业主管部门直属的国有林业单位，由国务院林业主管部门或者其授予的单位审核发放。

2. 铁路、公路的护路林和城镇林木更新采伐，由有关主管部门依照有关规定审核发放采伐许可证。

3. 农村集体经济组织采伐林木，由县级林业主管部门依照有关规定审核发放采伐许可证。

4. 农村居民采伐自留山和个人承包集体的林木，由县级林业主管部门或者委托的乡（镇）人民政府依照有关规定审核发放采伐许可证。

5. 采伐以生产竹材为主要目的的适用以上各款规定。

负责核发林木采伐许可证的部门和单位，在接到采伐林木申请后，除特殊情况外，应当在 1 个月之内办理完毕。不得拖延和刁难，更不得以权谋私。

**（二）审核发放采伐许可证的部门和单位必须依法审核发放**

国家根据用材林的消耗量低于生长量的原则，严格控制森林采伐量。根据合理经营和可持续发展的原则，在各有关单位提出的年森林采伐限额指标的基础上，根据申请者所经营的森林资源状况，经过综合平衡，制定并经国务院批准的年森林采伐限额，是每年以各种采伐方式对森林进行采伐的最高数量限制。审核发放采伐许可证的部门，所发放的采伐许可证准许采伐森林和林木的总量，不能超过批准的年森林采伐限额。发放采伐许可证，实行凭证采伐，是控制森林采伐量的关键步骤，是保证森林资源合理经营和实现永续利用的有效管理措施，负责审核发放采伐许可证的部门，必须将采伐许可证所允许的森林采伐量，严格控制在批准的年森林采伐限额之内，不得突破。

**（三）申请采伐许可证必须提交的文件材料**

凡申请林木采伐许可证的单位和个人，必须持具有法律效力的、能证明所采伐林木的所有权或者经营权证书，并递交在上级下达的商品材生产和自用材采伐计划允许范围内的林木采伐申请报告。同时，还须按不同情况提交以下凭据：

1. 提交申请采伐林木的所有权或使用权证书。

2. 国有林业企事业单位应提交伐区调查设计文件和上年度采伐更新验收合格证明和有关主管部门核定的年度木材生产计划；对用材林抚育采伐、低产林改造，以及防护林、特种用途林的抚育或更新性质的采伐，还需要提交国家和省级规定有审批权限部门的批准文件。

3. 其他单位还应提交包括采伐林木的目的、地点、林种、林况、面积、蓄积量、方式和更新措施等内容的文件，并按照规定提交年度木材生产计划。

4. 部队应提交师级以上领导机关同意采伐的文件，农村集体和个人还应当提交基层林业站核定的年度采伐指标。

5. 个人还应提交包括采伐林木的地点、面积、树种、株数、蓄积量和更新时间等内容的文件。

6. 因勘察设计、工程建设等须采伐林木的，须提交征、占用林地批准文件和县级以上林业主管部门批准采伐林木的文件。

7. 其他需要提交的有关材料。

以上申请采伐许可证的凭证，也是采伐管理中的审核内容、监督标准和执法检查处罚的界定依据。

### （四）不得核发采伐许可证的情形

有下列情形之一的，不得核发采伐许可证：①防护林和特种用途林进行非抚育性质或者非更新性质采伐的，或者采伐封山育林期、封山育林区内的林木的；②上年度采伐后未完成更新造林任务的；③上年度发生重大滥伐案件、森林火灾或者大面积严重森林病虫害，未采取预防和改进措施的。

根据我国法律法规和国务院林业主管部门相关的规范性管理政策的规定，明确了未经林业行政主管部门及法律规定的其他主管部门批准核发采伐许可证，擅自采伐他人或自营的森林和林木（农民自留地上及房前屋后自有的林木除外）的，认定为盗伐或滥伐林木。确认无证采伐林木是一项违法行为，是推行凭证采伐制度极其重要的保障措施。对违反采伐规定进行采伐作业的，发放采伐许可证的部门有权收缴采伐许可证，中止其采伐，直到纠正为止。赋予了采伐管理部门以处罚权力。

林木采伐许可证的式样由国务院林业主管部门规定，由省（区、市）人民政府林业主管部门印制。上级森林资源管理机构，有义务和权力对下级林业主管部门和森林经营单位，上报或正式使用的森林资源数据、执行年采伐限额和国家木材生产计划的情况等进行检查和审计。

# 第四节　森林更新管理

## 一、森林更新方式

森林资源属于可更新资源，更新造林是保证森林资源越采越多的重要措施，从而达到永续利用的目的。采伐林木的单位或者个人，必须按照采伐许可证规定的面积、株数、树种、期限完成更新造林任务，更新造林的面积和株数不得少于采伐的面积和株数。采伐林木的单位和个人应当及时更新造林，在采伐后的当年或者次年完成更新造林任务，这是一项法定的义务。

采伐林木的单位或者个人没有按照规定完成更新造林任务的，发放采伐许可证的部门有权不再发给采伐许可证，直到完成更新造林任务为止；情节严重的，可以由林业主管部门处以罚款，直接责任人员由所在单位或者上级主管机关给予行政处分。

森林更新是指天然林或人工林经过采伐、火烧或因其他自然灾害而消失后，在这些迹地上以自然力或人为的方法重新恢复森林的过程。森林更新按照更新方式可分为人工更新、天然更新和人工促进天然更新三种方式。

人工更新就是在采伐迹地上用人工种植（人工播种或植苗）的方式重新形成森林。天然更新是由老树下种生出实生苗或在大树伐去后由树桩或树根发出萌生条形成森林。人工更新与天然更新各有优缺点。

### （一）天然更新

优点：更新的费用少，能保持地表和土壤的良好状态，常可形成稳定的适应性强的混交林结构。

缺点：实生幼苗生长慢，更新过程较迟缓，有较多的次生非目的树种滋生，会降低商品林目的树种产量。

### （二）人工更新

优点：幼苗幼树生长较迅速，便于更换树种及时将整个林分伐去而避免过熟立木留存过久。

缺点：更新成本较高，林分伐光后地面暴露，引起水土流失使土壤退化，耐阴树种则易遭受霜害，形成同龄林易遭受病虫危害。

人工促进天然更新是指以天然更新为主，必要时进行补植或补播，保证更新质量。此方式结合了人工更新与天然更新的优点。

按照森林更新发生于采伐前后的不同，又可分为伐前更新和伐后更新。伐前更新简称前更，指采伐前在林冠下面的更新；伐后更新简称后更，是在森林采伐以后的更新。

## 二、森林更新的检查验收

森林更新后，核发林木采伐许可证的部门应当组织更新单位对更新面积和质量进行检查验收，核发更新验收合格证。关于更新质量，做出了具体规定：人工更新，当年成活率应当不低于85%，3年后保存率应当不低于80%。人工促进天然更新，补植、补播后的成活率和保存率应当达到人工更新的标准；天然下种前整地的，应当达到天然更新的标准。天然更新，每 hm² 皆伐迹地应当保留健壮目的树种幼树不少于 3 000 株或者幼苗不少于 6 000 株，更新均匀度应当不低于60%；在第一次渐伐之后，林内幼树、幼苗株数达到更新标准的，方可进行第二次渐伐；两次择伐的间隔期不得少于 1 个龄级期，以保证森林更新。森林更新后，核发林木采伐许可证的部门应当组织更新单位对更新面积和质量进行检查验收，核发更新验收合格证，作为申请下一年度采伐许可证必须提交的文件之一，对不合格的要提出处理意见。

伐区生产、更新造林，都是野外作业，数量、质量都很难进行检查。因此，如何组织好检查验收，是个很重要的问题。从目前的情况来看，在国有林区，有的以发证单位为主，生产单位配合；有的以生产单位为主，发证单位配合；有的单独建立了省属的专门检验队，直接对各企业的伐区、更新进行检查。现在看来，后一种形式可以排除干扰，得出较准确的数字。

为加强采伐更新的检查、监督管理工作，严格执行采伐审批、伐区拨交验收和更新造林检查验收制度，国有林区森工企事业单位的森林资源管理机构，在业务上，既受本单位的领导，也受上一级林业主管部门的领导，以上一级林业主管部门领导为主。目的是"加强采伐更新的检查、监督管理工作，严格执行采伐审批、伐区拨交验收和更新造林检查验收制度"，各地应当认真执行。由于各地的森林资源管理机构成立得较晚，应根据自己的力量，首先抓好采伐限额，其次伐区拨交验收和更新应跟上采伐，最后是抓好抚育采伐、低产林改造、人工更新造林的检查验收。人工更新造林的成活率、保存率检查验收，主要由生产单位负责。集体林、个人所有林的采伐更新管理，主要由县林业局，或授权的区、乡（镇）林业工作站负责。

目前，我国林区已设森林资源监督员，从组织上加强采伐更新的检查、监督管理工作，落实执行采伐审批、伐区拨交和更新造林检查验收制度。

有下列情形之一的，由县级以上人民政府林业主管部门责令限期完成造林任务，逾期未完成的，可处以应完成而未完成造林任务所需用两倍以下的罚款；对直接负责的主管人员和其他直接责任人员，依法给予行政处分：①连续两年未完成更新造林任务的；②当年更新造林面积未达到应更新造林面积 50% 的；③除国家特别规定的干旱、半干旱地区外，更新造林当年成活率未达到 85% 的；④植树造林责任单位未按照所在地县级人民政府的要求按时完成造林任务的。

在上年度进行采伐的任何单位和个人，都应当提交上年度更新验收合格证。更新验收合格证，是林木采伐单位完成规定的森林更新任务后，由核发林木采伐许可证的部门组织更新单位对更新面积和质量进行检查验收，核发给更新单位的更新验收合格证明。国有单位根据林木采伐许可证、伐区设计文件和年度木材生产计划，向其基层经营单位拨交伐区，并按照规定发给国有林林木伐区作业证。持有林木采伐许可证或者国有林林木伐区作业证的单位和个人，必须遵守伐区作业要求，发放许可证的单位有权对持证单位的作业情况进行检查。这样有利于提高伐区作业水平，减少森林资源浪费，充分利用森林资源。

对未按规定提交申请文件或未按规定完成上年度更新任务的申请者，发证部门不予发证；对伐区作业质量不符合规定的，发证部门应收缴采伐证，中止其采伐或不予拨交伐区，直到其纠正为止。

# 第五节　木材管理

## 一、木材经营加工单位的管理

木材是林业生产的主要产品，是森林演变过程中的主要产物。它同钢材水泥一样是一种主要的建筑材料，在流通领域它又作为一种特殊的商品直接影响着世界各国的经济发展和国民经济的增长。木材管理涉及木材的采伐、运输、销售和加工等一系列过程，是一个结构紧凑、联系紧密的有机统一整体，覆盖面宽，涵盖了林业生产的各个方面，包括了各林种各树种的各个径级原材产品的管理。木材的消耗指标直接影响到整个国家和地区森林资源和生态环境，因此必须实现持续发展和永续利用。

因此，为了更好地保护森林资源，应当把木材管理工作摆在重要位置，切实加强领导，创新管理机制，优化管理程序，落实管理责任，真正把木材管理工作抓好抓出成效，为"发展现代林业，建设生态文明，推动科学发展"提供有力支撑，促进林业的可持续发展。

木材经营、加工单位，指的是木材经营单位和以木材为原料的生产加工企业。木材经营、加工单位的管理，不是指对企业内部的经营活动和企业与外部发生的经营业务进行管理，而是林政上的管理，即依据国家的法律和政策对木材经营活动进行计划、组织、指挥、协调和监督。这种管理侧重于检查、监督有关木材经营政策法规的贯彻执行情况。

加强木材经营加工监督管理是强化森林资源保护管理，控制森林资源过量消耗，保障木材经营加工健康发展的一项重要措施。木材经营加工管理是控制森林资源消耗的另一重要措施。因为木材不同于一般商品，如不加强木材经营加工管理，就有可能引起盗伐滥伐林木案件的发生。木材经营、加工单位管理属林政管理，主要内容有：①木材生产、加工和销售环节的控制管理；重点是对经营条件、经营凭证和经营木材的政策法规进行管理；②协助市场监督管理机关，做好对木材市场的监督管理；③木材价格和有关税费政策的监督和贯彻；④有关票证的审核和发放管理。

为了保护森林资源，保障木材经营加工健康发展，在林区经营（含加工）木材，必须经县级以上人民政府林业主管部门批准。对以上方面的管理，必须坚持凭证经营、凭证销售。监督木材经营加工单位遵守国家有关木材管理的政策、法令和规定。这里所指的木材，是指原木、锯材、竹材、木片和省（区、市）规定的其他木材。

需要提醒几点：①法律只对在"林区"经营加工木材做出了规定，非林区经营加工木材可以不办理许可手续。在林区进行的木材经营加工，还没有与山上的其他林木资源明显分开，只是像物资仓库内物资的分堆码垛，虽然可能有了预订的货主，但并未履行发货手续，必要时仍可移堆并垛，仓库管理员也必须认真保管。在林区经营加工木材，其原材来源仍可就地取材，因此必须纳入林业主管部门监督管理的范围；②强调了"要经县级以上人民政府林业主管部门批准"。这是因为森林作为多效益多用途的资源，对木材的经营利用须进行有效的监控，防止导致对林木资源的盗伐滥伐、乱收滥购。因此，林区的木材经营加工，仍属森林采伐利用过程中的一个监管环节，对控制森林资源消耗、保护和合理利用森林资源有着十分重要的意义；③木材经营加工许可手续属于前置许可，不能代替市场监督部门颁发的营业执照。

办理木材经营加工许可手续，一般程序是：①经营（含加工）者筹建经营加工企业，从场地、规模、资金、从业人员、技术等方面做好准备；②向县级以上林业主管部门提交经营加工许可申请，并附有关材料和证书，包括木材来源承诺、经营加工规模、种类、期限等内容；③经林业主管部门审核，做出相关决定；若审核通过，则发放木材经营加工许可证；④经营者凭林业主管部门颁发的木材经营加工许可证，以及市场监管部门需要提交的有关资料，向市场监督管理部门申请木材加工营业执照和企业法人营业执照。经批准登记后，依法开展木材经营加工业务。

必须严格掌握经营条件。林业主管部门对木材经营、加工单位进行审查时，必须掌握以下五个条件：①具有与其经营木材数量相适应的流动资金，其中自有资金应占总额的 50% 以上；②有固定的经营场所；③有与其生产经营规模相适应的从业人员；④经营范围必须符合国家和省（区、市）有关法律、法规和政策的规定；⑤有利于保护森林资源。根据当地森林资源状况和年森林采伐限额或木材生产"一本账"的规定，合理确定木材经营加工单位的数量及其经营（加工）的规模。

进行经常性的检查和清理整顿，这是强化森林资源保护管理，有效控制森林过量消耗，整治木材流通领域中混乱现象的需要。鉴于这几年各省、林区和重点林区木材经营、加工单位比较多，情况比较复杂的状况，各级林业和市场监督管理部门要通力合作，加强领导，组织力量，抓紧清理整顿工作。已登记的木材经营、加工单位，须经所在地的县级或县级以上林业主管部门审查，经审核同意后，由原登记的市场监督管理机关办理年检、换照手续，其中具备重新登记注册条件的经营单位和个人，也应办理重新登记注册。已办理过年检，换照手续，其经营、加工不引起经营范围变更登记的，由原登记的市场监督管理机关备案。未经林业主管部门审核同意的，应向原登记的市场监督管理机关申请变更登记或注销登记；如不履行上述手续而继续经营的，按超越经营范围处理。新成立的木材经营、加工单位，按上述规定办理审查、登记手续。

为了保护森林资源，应根据当地森林资源状况和年森林采伐限额或木材生产计划，合理确定木材经营加工单位的数量及其经营的规模。集体林区生产的木材应在当地林业主管部门的监督下收购、加工和经营，林农自产的零星木材，可在指定的市场上凭证销售。

林业主管部门在审查时要坚持原则，严格把关。对经营本县木材的，更要从严控制。对重点林区县，必须坚持由林业部门统一管理和进山收购。其他部门未经地、市以上林业主管部门批准，不准进山直接收购木材。木材收购单位和个人不得收购没有林木采伐许可证或者其他合法来源证明的木材。对违反林政管理规定的木材经营和加工单位，除按《森林法》有关规定处理外，县（市、区）林业局有权取消其木材经营（加工）资格，并通知原登记的市场监督管理机关及时给予变更或吊销其营业执照。违法经营加工木材的，要承担相应的法律责任。

## 二、木材市场管理

木材市场，是木材交换的场所，属于木材流通领域，是木材作为商品时在流通过程中的集散地，即流通场所。木材市场在我国是建立在以公有制为主、多种经济成分并存的社会主义生产关系基础上，社会主义生产关系占主导地位。木材放开经营以后，经营木材的渠道多种多样，而起主导作用的仍然是国有木材经营企业。

### （一）木材市场的类型结构

1. 从所有制结构方面看，我国木材市场是以公有制为基础、多种经济形式并存的市场。

2. 从组织结构看，以国家市场为主体，国家领导下的自由市场（即城乡集市贸易市场）为补充。

3. 从区域结构看，有城市木材市场和农村木材市场。

4. 从商品结构看，有两种划分：①按产品划分，既有属于农产品的市场，又有属于工业品的市场；②按消费需要划分，既有生产资料市场，又有生活资料市场。

木材市场管理分工，按照有关法规的规定，从部门分工来讲，木材市场由市场监督管理机关领导和管理，林业主管部门协助做好管理工作。从林政管理角度上说，管理市场对象应是所有木材市场，但在具体工作中要把自由市场重点管好。这里要明确：林业主管部门要紧密配合市场监督管理机关搞好木材市场管理，主要检查上市木材是否合法和木材的检尺评级等。

### （二）木材市场管理内容

对于木材自由市场管理，必须坚持"管而不死，活而不乱"和"方便群众、有利管理"的原则。具体管理内容是：

1. 规定可以上市的木材产品。

2. 规定可以参加集市贸易活动的单位和人员。

3. 规定集市的设置和设施建设。

4. 规定有关的凭证和手续，加强检尺评级工作。

5. 组织林业部门所属国有木材经营单位积极参与市场调节，发挥木材流通的主渠道作用。

6. 按国家有关规定加强税费的收缴工作。

### （三）木材市场交易应遵守的规定

1. 木材交易必须在批准设立的固定木材市场进行，坚决取缔非法交易。

2. 上市销售木材一律凭证。也就是说，集体林区木材生产单位和个人自伐的木材，凭林业主管部门发给的林木采伐许可证，采伐自留地、房前屋后自有的林木凭乡（镇）人民政府发给的销售证明，可以在木材市场自由出售，也可以交木材收购单位代销或议价收购。有国家木材收购合同任务的地区，生产单位和个人在完成合同任务的前提下，可以上市自销木材。严禁无销售证明的木材上市，禁止任何单位和个人购买无证木材。不准伪造、涂改、买卖木材票证。

3. 在市场上进行木材交易，须经木材市场指定的检尺员按国家木材标准检尺评级，列出检尺码单，据此开具发票，缴纳税费。根据国家规定，木材检验由林业主管部门实施，因此有关检验人员要由林业部门培训，检验的器具、量具由林业部门统一管理。

4. 木材价格可以在国家政策允许的范围内，随行就市，由买卖双方议定。

5. 木材交易要按照国家有关规定缴纳税费。

6. 集体林区非木材经营单位和个人采购木材，只限自用，不得就地转手倒卖。

7. 上市交易木材的任何单位和个人，要接受市场监督管理和林政管理人员的检查管理，遵守国家政策法令和有关规定。

8. 凡经营木材及其成品、半成品的单位和个人，必须提交包括经营性质、经营范围、经营方式和自有资金等内容的申请书，经县级或县级以上林业部门同意并签署意见，报同级市场监督管理机关核准登记，发给营业执照后，方可经营。取缔无照经营。

9. 对违反上述规定的，分别由市场监管、林业和税务部门按有关规定处理；情节严重、触犯刑律的，由司法机关依法追究其刑事责任。

## 三、木材运输管理

木材运输管理，是指林业主管部门依照有关法律、法规和政策规定，对木材运输实施检查、监督和管理的过程。木材运输分为两个阶段，即生产阶段和流通阶段。在生产阶段，林木采伐后的下山到归拢再到入库（贮木场），是木材生产过程的运输组成部分；流通阶段的运输是指木材及其制品通过买卖、调拨等方式，从生产领域的木材成品仓库转入消费领域的运输活动。

木材运输管理是依法对木材运输实行管理、监督和检查。主要内容是：①核发木材运输证；②检查木材运输；③纠正、处理违章运输。其核心是实行木材凭证运输。通过木材运输管理，检查木材采伐计划的执行情况，监督森林限额采伐消耗制度的落实，防止盗伐滥伐现象的发生。所以木材运输管理执法是森林采伐管理的重要补充手段，是保证森林资源依法采伐、合理利用的配套管理措施。通过确认合法采伐、运输和制止偷砍盗运，有利于保障林业生产经营者依法采伐和运输的木材产品畅行，有利于打击侵害林农合法权益的偷砍盗运者，有利于维护林区正常的社会和经济秩序。

木材凭证运输制度是《森林法》规定的一项重要法律制度，它是通过依法设立木材检查站（木材运输巡查大队），对木材凭证运输实施检查监督，以达到控制森林限额采伐，防止盗伐滥伐的有效措施。目的是防止非法运输木材，配合木材采伐许可证制度，控制森林资源消耗。立木采伐后将成为商品进入市场，除了采伐环节的源头控制外，运输环节就成为严格控制森林资源消耗的重要环节。

下列情况可以不办理木材运输证：①非林区生产的木材。关于林区和非林区的具体划定由省（区、市）人民政府确定公布。由于非林区木材产量很少，并且多为自用材，真正进入流通的商品材很少，而且这少量的木材进入流通后，实践中很难掌握其来源。因此，一般的木材运输均可视为林区运出的木材，需要办理运输证；②国家统一调配的木材；③因扑救森林火灾、防洪抢险等紧急情况需要运输的木材，这部分木材运输可称为"特许运输"。

### （一）木材运输许可证制度

加强木材运输管理，既是《森林法》赋予林业主管部门的责任，又是加强控制森林采伐的一项重要措施。

凭证运输是木材运输管理的核心内容。木材凭证运输，就是指木材从生产地向消费地转移过程中，必须持有林业主管部门核发的木材运输证，并接受林业检查站的检查监督。从林区运出木材，必须持有林业主管部门发给的运输证件，国家统一调拨的木材除外。依法取得采伐许可证后，按照许可证的规定采伐的木材，从林区运出时，林业主管部门应当发给运输证件。从林区运出非国家统一调拨的木材，必须持有县级以上人民政府林业主管部门核发的木材运输证。……木材运输证自木材起运点到终点全程有效，必须随货同行。没有木材运输证的，承运单位和个人不得承运。木材凭证运输制度和林木凭证采伐制度配合实施，就能有效地监督采伐计划的执行，更好地保护森林资源。

#### 1.木材运输证必须依法申领

国家统一调拨的木材，由于是严格按照国家计划调拨的，因此凭调拨通知书或调拨计划，由省（区、市）林业主管部门加盖木材调动专用章即可运输。从林区运出非国家统一调拨的木材，必须持有县级以上人民政府林业主管部门核发的木材运输证。木材运输证是从林区运出木材的合法凭证，执法单位凭合法有效的木材运输证放行。

木材运输证的申领程序如下：

（1）提交申请

承运人或委托代理人需要对合法采伐或收购的木材办理木材运输证时，向运出地县级以上林业主管部门提出申请。其中：①重点林区的木材运输证，由国务院林业主管部门核发；②其他木材运输证，由县级以上人民政府林业主管部门核发。农村居民自留地和房前屋后个人所有的林木，在自用有余需要外运销售时，可凭乡政府或村民委员会发给的自产证明，到县级林业主管部门申领木材运输证。

（2）提交证明文件

①林木采伐许可证或者其他合法来源证明；②植物检疫证书；③省（区、市）人民政府林业主管部门规定的其他文件。

（3）审核发放

受理木材运输证申请的县级以上人民政府林业主管部门审查木材来源、用途和流向，是否按规定缴纳了税费等。经审核申请符合有关条件，并且不超过所准运的木材运输总量，不超过当地年度木材生产计划规定可以运出销售的木材总量的，按照《森林法实施条例》的规定，自接到申请之日起3日内发给木材运输证。

## 2. 木材运输证的种类

木材运输证是林业主管部门依法发给运输木材的单位或个人的法定凭证，从木材运输的起点到终点全程有效。目前国内实行的分类分级管理中使用的木材运输证主要有以下几种：

（1）出省木材运输证

除国家统一调拨的木材外，凡运输出省的非国家统一调拨的木材，必须持有省级林业主管部门签发的出省木材运输证，并货证同行，全国有效。出省木材运输证由国务院林业主管部门制定格式，统一印制，在全国范围内通用。该证由省（区、市）林业主管部门或其委托的代办点核发。

（2）省内木材运输证。必须持有县以上林业主管部门签发的省内木材统一运输证，并货证同行，只在省内运输有效。该证由省级林业主管部门制定格式，统一印制，在省（区、市）范围内通用。省内木材运输证由县级以上林业主管部门或省级林业主管部门委托的单位核发。

（3）县内木材运输证

有些林区县为了加强本县木材运输管理，印制和实行了县内木材运输证，在本县范围内有效。县内木材运输证由县级林业主管部门统一制定证件格式和印刷。由县林业主管部门或委托乡（镇）林业工作站核发，在本县范围内有效。

凡运输国家统配木材、进口木材必须持有《国家木材调拨通知书》。由于统配木材调拨是成批进行，不可能做到一车一张调拨通知书。因此，以调拨通知书为依据签订的木材供货合同及供货地林业主管部门签章的车（船）计划表，亦可作为国家统一调拨木材的运输凭证，也可经省级林业主管部门委托供货的地、市、州或县级的林业主管部门办理国家统一调拨木材的运输证件，实行一车（船）一证，凭证运输。按照《森林法》规定，依法发放的木材运输证所准运的木材运输总量，不得超过当地年度木材生产计划规定可以运出销售的木材总量。木材运输证的式样由国务院林业主管部门规定。

**3.木材运输证填写的内容。**

（1）运输方式。必须填明方式、工具；中、短程需要两种以上运输方式、工具衔接时，须在备注栏中注明。

（2）品名。必须按国家木材标准所确定材种、树种名称填写。常用的有杉原木、杉原条、小径原木、板材、方材、枕木、毛竹等。

（3）规格。按国家木材标准填写。

（4）单位。在一张运输证明内，计量单位要求一致。如因有多个品种，单位不一致时，必须填写清楚，并在备注栏内注明折算原木的数量。

（5）数量。根据国家林业和草原局有关文件规定，不管哪类运输工具，都必须实行一车（船、排）一证，并要填明运输工具型号、吨位及牌照号码。

（6）数量合计。用大写汉字数字填写。铁路运输还应注明"核定吨位"。

（7）收发货单位。必须写明收、发货单位及收、发站地点。

（8）经由路线。不能填写多线运输，经由线路必须填写沿线知名度较高的城镇。

（9）有效期限。指从起运至终点所需时间，一般不宜过长。

（10）备注。填写需要对上述栏目补充说明的内容。

由于某些原因涉及木材运输延期和收货单位、运输路线更改及运输证遗失，均需按规定获得有关部门的证明，发货单位提出书面申请方可办理延期手续、更改手续和运输证遗失后的补发手续。

**（二）木材运输的检查**

木材运输检查是木材运输管理中的一个重要环节。经省、自治区、直辖市人民政府批准，可以在林区设立木材检查站，负责检查木材运输。对未取得运输证件或者物资主管部门发给的调拨通知书运输木材的，木材检查站有权制止。无证运输木材的，木材检查站应当予以制止，可以暂扣无证运输的木材，并立即报请县级以上人民政府林业主管部门依法处理。

木材检查站的设立，由当地林业主管部门根据实际需要提出设站方案，逐级呈报审核后，经省级人民政府批准设立。凡按《森林法》规定设立的木材检查站，受国家法律保护，任何单位和个人不得以任何借口，妨碍其依法执行任务。

木材检查站的主要任务是：宣传森林法规和有关林业政策；负责检查木材运输，对无证运输木材的，木材检查站应当制止，可以暂扣无证运输的木材，并立即报请县级以上人民政府林业主管部门依法处理。

木材运输检查可以分为三方面内容：

### 1. 检查人员必须持有林业主管部门填发的木材检查证

木材检查证是木材检查人员依法执行木材运输检查权力的象征。没有木材检查证的人员，也就无权要求别人接受检查。

木材检查人员有权要求被检查对象出示木材运输证件，被检查人员也有权要求检查人员出示木材检查证件，并且检查人员应首先出示木材检查证件。

### 2. 查验

查验是对运输的木材及其证件进行检查和检验的工作。

（1）要查验木材运输证的真伪。如发现使用伪造、涂改的木材运输证，必须依法处理。

（2）要查验运输的木材树种、材种、规格与木材运输证的规定是否相符，如发现不符，又无正当理由，必须依法处理。

（3）要查验运输的木材数量与木材运输证规定数量是否相符，若有超过必须依法处理。

对木材数量的查验最好是逐一检查，但这样做要耗费大量的人力和物力，同时降低了查验的效率。因此，木材检查人员要积累木材查验的目测经验。

### 3. 放行与处理

（1）对符合木材运输证上填写内容的木材，检查人员应及时办理放行手续。检查人员要对运输证号、运输车辆牌照号及运输数量进行过站登记，同时在木材运输证背面和木材尺码单上加盖查验印章、注明过站日期及木材数量。如若遇到出县、出省站，应在查验放行后立即注销木材运输证。

（2）对无木材运输证等违章运输情况要按有关法律规定处理。违法运输木材的，要承担相应的法律责任。

# 第四章 林地、林权管理

## 第一节 林地管理

### 一、林地管理概述

#### （一）林地的概念

土地是由土壤、地貌、岩石、植被、气候和水文等因素所组成的自然综合体。林业用地（简称林地）是用来或将要用来进行林业生产的土地。它是开展林业生产活动的物质基础，是森林资源的重要组成部分，是森林资源管理的主要内容。林地是森林资源不可分割的重要组成部分，必须加强管理。林地管理的主要目的是严格控制林地面积的减少，防止滥用林地现象的发生。

#### （二）林地的分类

##### 1.分类系统

林地分为8个一级地类，13个二级地类。林地分类遵循以下原则：①以林地覆盖类型分类为主，林地规划利用分类为辅；②尽量与已有林地分类兼顾、衔接；③便于林地林权管理、森林资源资产化管理和森林生态效益补偿制度实施。

##### 2.技术标准

（1）有林地

连续面积大于 0.067 $hm^2$、郁闭度 0.2 以上、附着有森林植被的林地，包括乔木林地、红树林地和竹林地。

①乔木林地

由乔木（含因人工栽培而矮化的）树种组成的片林或林带。其中，林带行数应在 2

行以上且行距≤4 m 或林冠冠幅水平投影宽度在 10 m 以上；当林带的缺损长度超过林带宽度 3 倍时，应视为两条林带；两平行林带的带距≤8 m 时视为片林。

乔木林分为纯林和混交林。

纯林：一个树种（组）蓄积量（未达起测径级时按株数计算）占总蓄积量（株数）的 65% 以上的乔木林地。

混交林：任何一个树种（组）蓄积量（未达起测径级时按株数计算）占总蓄积量（株数）不到 65% 的乔木林地。

②红树林地

生长在热带和亚热带海岸潮间带或海潮能够达到的河流入海口，附着有红树科植物或其他在形态上或生态上具有相似群落特性科属植物的林地。

③竹林地

附着有胸径 2 cm 以上的竹类植物的林地。

（2）疏林地

由乔木树种组成，连续面积大于 0.067 hm²、郁闭度在 0.10～0.19 的林地。

（3）灌木林地

附着有灌木树种或因生境恶劣矮化成灌木型的乔木树种以及胸径小于 2 cm 的小杂竹丛，以经营灌木林为目的或起防护作用，连续面积大于 0.067 hm²、覆盖度在 30% 以上的林地。其中，灌木林带行数应在 2 行以上且行距≤2 m；当林带的缺损长度超过林带宽度 3 倍时，应视为两条林带；两平行灌木林带的带距≤4 m 时视为片状灌木林地。

①国家特别规定灌木林地。特指分布在年均降水量 400 mm 以下的干旱地区，或者乔木分布（垂直分布）上限以上，或者热带、亚热带的岩溶地区、干热（干旱）河谷等生态脆弱地带、专为防护用途，并且覆盖度≥30% 的灌木林地以及以获取经济效益为目的进行经营的灌木林地。

②其他灌木林地。不符合 2004 年《"国家特别规定的灌木林地"的规定》（试行）要求的灌木林地。

（4）未成林地

未成林地指未达到有林地标准，但有成林希望的林地。

①未成林造林地。人工造林和飞播造林后不到成林年限，造林成效符合下列条件之一，苗木分布均匀，尚未郁闭但有成林希望的林地：a. 人工造林成活率 85% 以上或保存率 80%（年均降水量线 400 mm 以下地区造林成活率为 70% 或保存率为 65%）以上；

b. 飞播造林后成苗调查苗木 3 000 株 /hm² 以上或飞播治沙成苗 2 500 株 /hm² 以上，且分布均匀。

②未成林封育地。采取封山育林或人工促进天然更新后，不超过成林年限，天然更新等级中等以上，尚未郁闭但有成林希望的林地。

（5）苗圃地

固定的林木、木本花卉育苗用地，不包括母树林、种子园、采穗圃、种质基地等种子、种条生产用地以及种子加工、储藏等设施用地。

（6）无立木林地

①采伐迹地。采伐后 3 年内保留木达不到疏林地标准、尚未人工更新或天然更新达不到中等等级的林地。

②火烧迹地。火灾后 3 年内活立木达不到疏林地标准、尚未人工更新或天然更新达不到中等等级的林地。

③其他无立木林地。造林更新后，成林年限前达不到未成林地标准的林地。造林更新达到成林年限后，未达到有林地、灌木林地或疏林地标准的林地。已经整地但还未造林的林地。不符合上述林地区划条件，但有林地权属证明，因自然保护、科学研究、森林防火等需要保留的土地。

（7）宜林地

县级以上人民政府规划为林地的土地。

①宜林荒山荒地。未达到上述有林地、疏林地、灌木林地、未成林地标准，规划为林地的荒山、荒（海）滩、荒沟、荒地等。

②宜林沙荒地。未达到上述有林地、疏林地、灌木林地、未成林地标准，造林可以成活，规划为林地的固定或流动沙地（丘）、有明显沙化趋势的土地等。

③其他宜林地。除以上两条以外的用于发展林业的其他土地。

（8）辅助生产林地

直接为林业生产服务的工程设施、配套设施用地和其他有林地权属证明的土地，包括：

①培育、生产种子、苗木的设施用地。

②贮存种子、苗木、木材和其他生产资料的设施用地。

③集材道、运材道。

④林业科研、试验、示范基地。

⑤野生动植物保护、护林、森林病虫害防治、森林防火、木材检疫设施用地。

⑥供水、供热、供气、通信等基础设施用地。

⑦其他有林地权属证明的土地。

非林地是指林地以外的农地、水域、未利用地及其他用地。

### （三）林地管理的概念、内容和任务

#### 1.林地管理的概念

林地管理是国家用来维护林业土地所有制形式，调整林地关系，合理组织林地利用，以及贯彻和执行国家在林地开发、利用、改造和保护等方面的决策而采取法律、行政、经济和工程技术的综合性措施。

林地管理的意义：

（1）维护林地所有制形式。我国林地管理是国家用以制止或约束对社会主义林地公有制的各种侵犯行为，保护林地所有者和使用者的合法权益，稳定现行林地利用方式的一项重要的措施或手段。

（2）调整林地关系。调整林地关系指对林地所有权和使用权等权益的确定与变更关系的协调和管理，必须一方面依靠国家法律，另一方面运用一定的技术，在土地空间上确定其数量、质量及相关的位置。故调整林地关系既是法律措施又是技术措施。

（3）合理组织林地利用。合理组织林地利用是林地管理的核心。要按自然和经济的客观规律，科学地确定各项用地结构及其空间位置。它不仅与工程技术有关，而且同切实发挥林地的经济效益、生态效益及社会效益密切联系着。

（4）贯彻和执行国家在林地开发、利用、改造和保护等方面的决策或政策。这要通过林地立法、组织林地利用等管理措施来实现。

#### 2.林地管理的内容

（1）林地调查、林地登记、林地统计和林地评价。

（2）林地利用规划、林地开发和改造管理。

（3）征用及占用林地管理。

（4）林地保护和使用监督管理。

（5）林地法治建设与管理。

（6）林地税费政策管理。

**3．林地管理的任务**

（1）维护已确立的林地所有制形式，保护林地所有者和使用者的合法权益。

（2）组织和协调林地资源调查，掌握林地数量、质量及其变化情况，建立林地地籍档案，为合理经营、利用林地提供客观依据。

（3）组织编制和实施林地利用规划，加强林地利用的保护、管理与监督，提高林地利用率和生产力。

（4）按照《森林法》《土地管理法》规定，以及国家有关林地征用和占用管理的相关法规、政策，做好林地征用或占用的审核（审批），控制林地的开发利用，消除乱征滥占林地的行为。

森林公安人员应了解林地管理的内容和任务，及时发现和查处违法使用林地的人员，打击各种违法使用或者毁坏林地的行为，保护林地资源。

## 二、占用及征用林地管理

### （一）占用及征用林地的概念及特征

**1．占用林地**

（1）概念

占用林地是指全民所有制单位因勘察设计、修筑工程设施或开采矿藏的需要，使用其他全民所有制单位依法使用的全民所有的林地。在实际工作中，集体所有制单位或个人，使用全民所有制或集体所有制的林地，也称占用林地，只不过占用林地的法律意义不同。

（2）特征

①林地的所有权不改变，即权属仍归国家（全民）或原权属单位。

②林地的使用权发生了改变，即只要林地依法占用，则原来的使用单位丧失了使用权，使用权转变归占用林地的单位或个人。

**2．征用林地**

（1）概念

征用林地是指全民所有制单位因勘察设计、修筑工程设施或开采矿藏等需要，依法使用集体所有或个人使用的林地。

（2）特征

①林地所有权改变，原为集体所有的林地被征用以后，林地所有权归国家所有，即

全民所有。

②林地的使用权也发生了改变，林地使用权归征用林地的单位享有，不再归原集体单位或个人。

### （二）占用及征用林地的审批程序

我国每年因工程建设、开采矿藏等占用林地数量较大，是造成现有林地减少的重要原因之一。为了促使不用或少用林地，法律规定了严格的使用林地审批制度。进行勘查、开采矿藏和各项建设工程，需要占用或者征用林地的，必须依法按程序审批。占用或征用林地的办理手续基本上是相同的。

#### 1. 受理用地单位提出的占用、征用林地申请

用地单位需要占用、征用林地或者需要临时占用林地的，应当向县级人民政府林业主管部门提出占用或者征用林地申请；需要占用或者临时占用国务院确定的国家所有的重点林区（以下简称重点林区）的林地，应当向国务院林业主管部门或者其委托的单位提出占用林地申请。

（1）提出申请的依据

①上级主管部门批准的计划任务书或设计文件。

②国务院主管部门或者县级以上人民政府按照国家基本建设程序批准的设计任务书或其他批准的文件。

③被占用或者征用林地单位和个人的权属证明。

④占用或者征用林地的地点、面积、四至范围的说明及有关资料。

⑤当地林业主管部门规定应当提交的其他有关文件。

（2）申请内容

包括标题、称呼（即接受申请的土地管理机关）、正文（写明申请的目的、理由、依据）、结尾（一般写请予批准的内容），最后署名并注明申请日期，署名以后必须加盖单位公章。

（3）占用或征用林地的协议

占用或征用林地单位在提出申请之前应与被占用或征用林地单位就占、征用林地问题达成协议，并在提出申请时将协议书附上。协议一般应包括如下内容：①标题；②当事人，即占用或征用林地的单位与被占用或征用林地的单位（正文中可简称甲、乙方）；中证人，一般是公证机关或各自的上级主管部门（可称丙方）。③签订协议的目的和原因及征占用林地的依据；④正文（即协议的具体内容），主要有占用或征用林地的地点、

面积、时间、林木处理、补偿事宜及其他双方协议的事项等；⑤结尾，写明协议的份数，由谁执行，生效时间（一般注明协议经占用或征用林地申请批准后生效），并由签订协议的双方（或三方）和签办人署名、盖章，注明签订协议的时间；⑥如有说明事项还应加注，或附图和附表。

用地单位申请占用、征用林地或者临时占用林地，应当填写《使用林地申请表》，同时提供下列材料：①征用或者占用林地建设单位的法人证明；②项目批准文件；③被占用或者被征用林地的权属证明材料；④有资质的设计单位做出的项目使用林地可行性报告；⑤与被占用或者被征用林地的单位签订的林地、林木补偿费和安置补助费协议（临时占用林地安置补助费除外）。森林经营单位申请在所经营的林地范围内修筑直接为林业生产服务的工程设施占用林地的，应当提供前款②和③项规定的材料。

一个建设项目应当占用或征用的林地，应根据有关文件的规定一次申请批准，不得化整为零。分期建设的项目，应分期办理占用或征用林地手续，不得先占或先征用。修建铁路、公路和输油、输水等管线建设项目需占用或征用林地的，可分段提出申请，办理手续。

### 2. 现场查验

国务院林业主管部门委托的单位和县级人民政府林业主管部门在受理用地单位提交的用地申请后，应派出有资质的人员（不少于2人），进行用地现场查验，并填写《使用林地现场查验表》。

### 3. 审核

（1）占用或者征用防护林或者特种用途林林地面积 10 hm² 以上的，用材林林地、经济林林地、薪炭林林地及其采伐迹地面积 35 hm² 以上的，其他林地面积 70 hm² 以上的，由国务院林业主管部门审核；占用或者征用林地面积低于上述规定数量的，由省（区、市）人民政府林业主管部门审核；占用或征用国务院确定的国家所有的重点林区的林地的，由国务院林业主管部门审批。目前，重点林区是指东北、内蒙古国有林区的国家重点森工企业的施业区。

（2）需要临时占用林地的，应当经县级以上人民政府林业主管部门批准。临时占用林地的期限不得超过2年，并不得在临时占用的林地上修筑永久性建筑物；占用期满后，用地单位必须恢复林业生产条件。临时占用单位要提出占用原因、依据；被占用林地单位和个人的权属证明；占用林地的地点、面积、四至范围的说明及有关资料等。经林业行政主管部门审核同意后，用地单位与林业主管部门签订临时用地协议书。并按规定支付林地损失补偿费。经批准交纳费用后，到申请的林业主管部门办理临时占用林地手续。

临时占用防护林或者特种用途林林地面积 5 hm² 以上，其他林地面积 20 hm² 以上的，由国务院林业主管部门审批；临时占用防护林或者特种用途林林地面积 5 hm² 以下，其他林地面积 10 hm² 以上 20 hm² 以下的，由省（区、市）人民政府林业主管部门审批；临时占用除防护林和特种用途林以外的其他林地面积 2 hm² 以上 10 hm² 以下的，由设区的市和自治州人民政府林业主管部门审批；临时占用除防护林和特种用途林以外的其他林地面积 2 hm² 以下的，由县级人民政府林业主管部门审批。

（3）国有森林经营单位在所经营的林地范围内修筑直接为林业生产服务的工程设施需要占用林地的，由省（区、市）人民政府林业主管部门批准，其中国务院确定的国家所有的重点林区内国有森林经营单位需要占用林地的，由国务院林业主管部门或其委托的单位批准；其他森林经营单位在所经营的林地范围内修筑直接为林业生产服务的工程设施需要占用林地的，由县级人民政府林业主管部门批准。同意后即可按批准的面积、范围、项目、用途使用自身经营的林地。

直接为林业生产服务的工程设施是指：①培育、生产种子、苗木的设施；②贮存种子、苗木、木材的设施；③集材道、运材道；④林业科研、试验、示范基地；⑤野生动植物保护、护林、森林病虫害防治、森林防火、木材检疫的设施；⑥供水、供电、供热、供气、通信基础设施。

（4）占用国有林业生产、科研、教学用地，都必须征得省（区、市）林业主管部门同意，报省（区、市）人民政府批准。

国务院林业主管部门委托的单位和县级以上地方人民政府林业主管部门对用地单位提出的申请，应在 15 个工作日内提出审核或者审批意见，并逐级在《使用林地申请表》上签署审查意见。经审核不予同意的，应当在《使用林地申请表》中明确记载不同意的理由，并将申请材料退还申请用地单位。各级主管部门要严格按批准权限办理，不得越权批准；未经批准，不得占（征）用林地。

**4. 植被恢复费的收取**

（1）为了确保我国的森林覆盖率不因工程建设等占用林地而下降，并按照"占一还一"的原则恢复森林植被，凡依法被批准占用或征用林地的单位和个人，都必须依照国家的规定，向林业主管部门预交植被恢复费。森林经营单位在其所经营的林地范围内修筑直接为林业生产服务的工程设施需要占用林地时，无须交纳森林植被恢复费。

（2）县级以上人民政府林业主管部门按照规定预收了森林植被恢复费后，向用地单位发放《使用林地审核同意书》，并将签署意见的《使用林地申请表》等材料退给被占用、征用林地所在地的林业主管部门或者国务院林业主管部门委托的单位存档。占用或者征用林地未被批准的，有关林业主管部门应当自接到不予批准通知之日起 7 日内将收取的森林植被恢复费如数退还。

（3）林业主管部门用收取的植被恢复费依照有关规定统一安排植树造林，恢复森林植被，植树造林面积不得少于因占用、征用林地而减少的森林植被面积。国务院林业主管部门委托的单位和县级人民政府林业主管部门对建设项目类型、林地地类、面积、权属、树种、林种和补偿标准进行初步审查同意后，应当在 10 个工作日内制定植树造林、恢复森林植被的措施。上级林业主管部门应当定期督促、检查下级林业主管部门组织植树造林、恢复森林植被的情况。森林植被恢复费专款专用，任何单位和个人不得挪用森林植被恢复费。县级以上人民政府审计机关应当加强对森林植被恢复费使用情况的监督。

### 5. 办理建设用地审批手续

（1）用地单位凭《使用林地审核同意书》，依照有关土地管理的法律、行政法规到土地管理部门办理建设用地审批手续。占用或者征用林地未经林业主管部门审核同意的，土地行政主管部门不得受理建设用地申请，用地单位不能直接向土地行政主管部门申请。临时占用或征用林地的无须办理建设用地审批手续。森林经营单位在其所经营的林地范围内修筑直接为林业生产服务的工程设施需要占用林地时，无须办理建设用地批准手续。对用地单位需要临时占用林地的申请，或者对森林经营单位在所经营的林地范围内修筑直接为林业生产服务的工程设施需要占用林地的申请，县级以上人民政府林业主管部门按照规定予以批准的，应当用文件形式批准。

（2）农村居民按照规定标准修建自用住宅需要占用林地的，应当以行政村为单位编制规划，落实地块，按照年度向县级人民政府林业主管部门提出申请，经过县级人民政府林业主管部门依法审查，在逐级报省（区、市）人民政府林业主管部门审核同意后，由行政村依照有关土地管理的法律、法规办理用地审批手续。

### 6. 补偿办法

林地的经营者或使用者为了提高林地生产力，以最大限度地发挥林地的使用，往往投入一定的资金及劳力，所以占用或征用林地的单位要按规定向被占用或征用林地单位交纳林地补偿费、林木及其他地上附着物补偿费和安置补助费。因情况不同，补偿的范围、标准、办法也不同。一般可负责数额补偿、人员物资搬迁和人员安置等。具体补偿标准和补偿办法、数额通常由当事人依据有关规定协商解决，如经反复协商达不成一致意见的，可提交有关主管机关决定。

### 7. 林木处理

（1）占（征）用林地的林木处理

用地单位需要采伐已经批准占用或者征用的林地上的林木时，应当向林地所在地的县级以上地方人民政府林业主管部门或者国务院林业主管部门申请林木采伐许可证。经批准并办理采伐证后，按采伐有关规定进行采伐，归堆交森林经营单位处理。因占用林地而采伐的林木应列入当地年森林采伐限额之内，其木材不做国家统一调拨，可由森林经营单位依据有关规定处理。

（2）森林经营单位占用自己经营林地的林木处理

不属法律上占用或征用林地性质，但应按上级主管部门批准的文件执行。占用林地需砍林木时，应报县级以上林业主管部门批准，并办理采伐许可证，其获得的木材纳入年度木材生产计划。

省、自治区和直辖市人民政府林业主管部门应当在每年的第一季度，将上年度全省（区、市）占用、征用林地和临时占用林地，以及修筑直接为林业生产服务的工程设施占用林地的情况报告国务院林业主管部门。

森林公安人员应熟悉占用、征用林地的审批程序，凡不按审批程序使用林地的，都属于非法使用林地行为，要对其进行打击和处理，要求用地者承担相应的法律责任。

## 三、林地的其他管理

### （一）林地地籍管理

#### 1. 地籍管理的概念

地籍是指反映土地的"地界和地号""数量和质量""权属和用途（地类）"等基本状况的簿籍（或清册），也称土地的户籍。国际上地籍的应用范围主要有财政课税服务的税收地籍和为林地权属登记服务的产权地籍。随着社会生产力的发展和科学技术的进步，将逐步向自然、经济、法律综合地籍或是多用途地籍方面发展。

地籍管理是国家为取得有关地籍资料和为全面研究林地的权属、自然和经济状况，以利于进行林地开发利用宏观管理和有效监督的一项基础性工作，亦称林地地籍管理工作。地籍管理的对象是作为自然资源和生产资料的林地，地籍管理的核心是林地权属问题。建立健全地籍管理制度，不仅可以及时掌握林地数量、质量的变化规律，保持林地数据的有效性，而且可以利用它对土地利用及权属变更进行监督。可以在建立地籍档案的同时，把森林经营作业区划与森林资源档案结合起来，形成林地地籍、生产经营和资源动态的共同管理。

#### 2. 地籍管理的基本内容

结合林业建设发展的需要和基本国情，林地地籍管理的基本内容包括地籍调查、林地登记、林地统计、林地评价、地籍档案建立和管理等。①地籍调查是为取得有关林地的位置、权属、数量、质量及其他地籍资源而采取的必要手段，是地籍管理的基础性工作和先决条件；②林地登记是结合林地区划，对每个地块进行以林地权属为中心的记载；③林地统计是地籍管理的主要内容之一，包括林地数量统计和林地质量统计；④林地评价即对林地进行适宜性评价、林地经济评价和林地的定价估算等，是在林地立地类型调查和土壤调查的基础上进行的；⑤地籍档案即是林地位置、权属、数量的档案，是林地档案的重要组成部分。地籍档案的建立和管理，是林地林权档案管理的最基础性工作。

### 3.地籍调查、统计与建档

地籍调查主要是查清林地权属登记单位的林权所有者、使用者及其权属地界和面积。地籍调查作为现地落实林权的工作，关系到林业经营单位或经营者的实际利益，容易出现林权争议纠纷，应在县级以上人民政府的组织下，制订统一的技术标准、工作方案和工作细则，组织一定的专业技术队伍，在统一的时间内进行，以保证工作的可靠性、精确度与完整性。

地籍调查的步骤一般分为以下几方面：

（1）资料收集

重点是收集调查用图和林地权属的说明文件。图面材料通常包括近期的地形图、平面图和航片等。权属证明文件主要指各种林地证书和林权证登记的表、册、簿、图及征、拨、用林地的批件及附图，权属争议处理文件、协议书和合同等文件资料。

（2）野外调查

重点是林地地籍小班的调绘。林地地籍小班是森林经营和统计的基本单位，要求以明显的地形、地物线为小班界线，使林地小班地理位置和面积固定下来，图面与空间位置相一致，并统一编码。

（3）小班主要调查因子记载

①地籍小班基本情况调查，包括行政位置、土地种类、权属、地形地势、土壤、植被、立地类型和工程类别等；②林分因子调查，包括优势树种、林种、林分起源、林龄、平均高、平均胸径、郁闭度、可及度、生长类型、商品用材林分株数、经营措施和造林类别调查等；③小班特点调查，包括散生木、枯倒木和病腐木的蓄积量调查、林木病虫害调查、森林火灾调查等；④生态公益林林分生态功能调查，包括对特种用途林的各林种组和防护林的各林种组的生态功能因子逐一核定其等级，一般分为好、中、差三级，对有林地、疏林地、灌木林地、未成林地和无立木林地的林分蓄积、竹类株数或散生木蓄积（散生竹株数）进行调查。

（4）内业资料整理

内业资料整理主要是地籍小班的编码、小班面积求算和绘制图表。

①地籍小班编码

以省为单位统一编码,每个小班都有一个14～16位数的编码。按市、县(区)、乡(镇)、管理区(行政村)、林班(南方集体林区也可不设置林班)、小班、细班。其中市2位,县(区)2位,乡(镇、场)2位,管理区(行政村)2位,林班1位,小班3位,细班2位。市、县(区)编码由省统一编写,其余各县(区)自行编码。为便于与今后国家管理系统衔接,可在前面加上由国家主管部门统一编定的省(区、市)码。

省属直管林场(局)与县同级编码,从1开始;市管林场与乡(镇)级编码,排在乡(镇)后面。省农垦总局,或大林区的林业局与市同级编码。

②各小(细)班面积求算

林地权属、面积及其地类,地块面积等,均应在地籍图的基本图上或者在经过核查调绘后的地形图上进行量算,可用求积仪法、网点法、方格法、几何法和截线法等方法求算。

③地籍簿和地籍图的绘制

地籍簿和地籍图是地籍调查的主要成果,也是林地登记和统计的基础资料和依据。地籍图上标绘的权属地界和填写的林地面积,凡经政府或其授权的部门确认的,具有法律效力。

(5)主要技术成果

①地籍图

地籍图是以权属地界为主要内容的平面图,主要用以说明和反映林地权属单位的境界、位置和面积,是地籍调查的主要成果。一般地籍图的比例尺以(1:2000)～(1:5000)为宜。可分为总图和分图两种,总图一般反映乡(镇)和林场的权属,分图一般反映村和工区的权属。

地籍图的主要内容包括行政界、林地权属界、林地使用单位及其四邻的名称、地类界线与图式符号、地块、线状地物、居民点和土地定级界线等。

②地籍簿

地籍簿是地籍调查和测量成果的文字和数据记载(登记)的簿册。地籍簿一般包括两大部分:林地登记及林地数量统计、林地质量统计和林地评价。

(6)林地统计和建档

林地统计是利用数字和图纸资料,统计记载、整理、分析和反映林地的占用和使用现状和变化规律的一项林地管理制度。统计林地资源的数量、质量、分布和利用现状,为林地管理提供基本资料，可以掌握林地利用的动态信息和规律，不断更新、修正统计资料，使林地动态资料始终保持现实性，可以分析林地统计资料，监督林地利用。林地统计工作分为收集资料、补充调查、编写土地统计文件及上报审核等阶段。

林地是森林资源的重要组成部分，林地地籍档案是林地林权管理工作的基础。各级林地林权管理单位，尤其是县、乡级管理单位，应当在地籍调查之后及时建立起地籍档案，将地籍调查的原始资料、成果材料、变化变更依据、补充调查和分年度的统计成果等分门别类地整理归档，并按规定的制度、办法做好管理。森林公安人员要了解林地地籍档案材料的主要内容，熟悉辖区内的林地资源状况，学会查阅相关材料，为林地案件的查处收集相关的证据材料。

### （二）林地利用规划、管理

#### 1. 林地利用规划、管理的概念

合理组织林地利用是林地管理的核心内容。林地利用规划是由政府根据国家利益，按照国民经济和社会发展的需要，以及林地的自然特性和地域条件，对林地资源的开发、利用、整治和保护进行统筹安排，综合平衡和计划分配，以达到合理利用林地，提高林地生产力的目的。林地利用规划管理是为了合理利用和保护林地资源，维护林地利用的社会效益，组织编制和审批林地利用规划，并依据规划对林地利用进行控制、引导和监督的行政管理活动。

林地利用规划的基本内容包括编制林地利用总体规划、编制林地利用中期计划和年度计划、编制林地开发计划。

林地利用总体规划是一个多层次的规划体系，按行政区划为全国、省级和县级，它们各自保持自己的独立性，又相互联系。国家规划是在全国范围内论证林地利用的区域性布局，着重研究全国范围内的地域差异，为全省指出林业发展方向。省级规划是在国家规划范围内，安排全省林地利用布局，具有承上启下的作用。而县级规划是国家和省级规划的基础，是基层林业生产规划设计的依据。林地利用总体规划是在较长时间内，对林地资源的分配和开发、利用、整治、保护的统筹协调与安排的战略性规划。

林地利用中期规划和年度计划系指国家对林地资源开发利用做出部署和安排的中期计划与年度计划。通过它的编制，确定林业生产种类用地和其他计划指标，调整林地利用结构规模和速度，以期实现林地利用总体规划。同时研究制定实施用地计划的政策措施，保证计划顺利进行。

林地开发计划是国家土地开发的重要组成部分，须服从和服务于国家的整体土地开发规划、计划，如国家土地利用规划中"建设开发用地"涉及林地的部分。同时，行业

本身又要扩大林地的有效利用范围，提高利用深度，以满足林业建设不断发展的需要，使一切可利用的林地全部获得合理利用，让林地生产力和利用率得到充分发挥。

林地利用规划管理是林地行政管理的重要组成部分，主体是国务院和地方各级林地管理机关，客体是林地利用规划以及与之相关的组织和个人的行为。涉及三方面的工作：①依法组织制订（包括编制和审批）林地利用规划；②按照经批准的林地利用规划控制并引导各项林地利用，即依法实施林地利用规划；③对林地利用规划实施情况进行监督检查。

### 2.林地利用规划的内容与原则

（1）林地利用规划的内容

①分析林地保护、利用和开发的现状及存在的问题。

②分析林地利用和开发的潜力。

③确定林地保护、利用和开发的目标和任务。

④确定林地保护、利用和开发的规模、布局、项目等；分析评价林地保护、开发和利用的预期投资和效益。

⑤提出实施规划的保障措施。

（2）林地利用规划的原则

土地利用总体规划和林业持续发展长远规划相协调，林地利用规划由县以上林业主管部门负责编制，报同级人民政府批准。①保护、改善环境；②经济、社会和生态效益相统一；③提高林地利用效率；④因地制宜、统筹安排；⑤切实保护土地权利人合法权益；⑥要遵循依法行政、民主管理、集中统一管理、政务公平和经济效率原则。管理中可采用行政的、法治的、经济和社会科技等方法。

### 3.林地利用规划实施与监督管理

根据国家有关法律、政策的要求，土地利用总体规划要纳入国民经济和社会发展规划。根据国民经济和社会发展规划和计划、法律和政策、产业政策、土地利用总体规划等编制土地利用年度计划，人民政府应将土地利用年度计划执行情况列为国民经济和社会发展计划执行情况的内容，向同级人民代表大会报告。区（县）和乡（镇）人民政府也要将批准的土地利用总体规划的目标和主要指标纳入本级国民经济和社会发展规划和计划，并严格执行。林地利用规划虽然只是土地利用规划中的专项规划，也应按照上述要求实施管理。对违反规划的用地行为进行查处，对规划的执行监督检查，开展社会监督。

具体内容有：①建立规划公告制度；②据土地利用总体规划和林地利用专项规划对建设项目进行预审；③完善林地的规划管理，落实林地专用审批制度，严格掌握林地转为建设用地；④强化政府主管部门林地管理职能，改革和完善林地管理体制，强化集中统一管理，加强各级人民政府的林地管理职能部门建设，树立规划和权威性，充分发挥林地利用规划的引导和控制作用；⑤贯彻群众路线，加强法治建设，加大执法力度，建立经常性的规划监督管理制度，严肃查处有法不依、执法不严和以言代法的违法行为；⑥广泛宣传林地利用规划，开展森林土地国情、国法、国策教育，提高各级领导和人民的土地忧患意识和依法用地、按规划用地的意识；⑦充分利用现代科技手段，加强林地动态监测和科学管理，充分利用地理信息系统（GIS）、遥感系统（RS）和全球定位系统（GPS）等现代科技手段，及时准确地掌握林地利用动态变化情况，逐步建立各级林地利用规划管理信息系统，提高规划管理水平。

### （三）严格控制林地的减少

#### 1. 制止毁林开垦等行为

毁林开垦是破坏植被、造成水土流失和生态环境恶化的重要原因之一。为了遏制这种现象，禁止毁林开垦和毁林采石、采砂和采土等行为。25°以上的坡耕地应当按照当地人民政府制订的规划，逐步退耕，植树和种草，增加有林地的面积。违法毁林开垦和毁林采石、采砂、采土等导致林地减少的行为，要承担相应的法律责任。

#### 2. 林地使用权流转的管理

林地使用权流转是指在不改变林地所有权和林地用途的前提下，将林地使用权按一定的程序，通过招标、拍卖和协议等方式，有偿或无偿地由一方转给另一方的经济行为。原来的林地使用权人称为转让方，新的林地使用权人是受让方。林地转让的是使用权，不是所有权。林地使用权的转让可以调动林业经营者的积极性，解决资金不足的困难；同时林业生产周期长、风险大，通过转让，可以将风险分散，有利于发展林业生产。

林地使用权的流转通常是基于自主自愿的原则，在平等的民事主体之间流转，但也不排除某些特殊情况下，为了国家或地方政策的需要而发生流转。通过流转所形成的法律关系，既要受到《民法通则》《合同法》的调整，也要受到《森林法》《土地管理法》《农村土地承包法》的调整。

林地使用权实行有偿转让，是解决有资金和技术的人无林地，有林地的人无资金和技术的矛盾，实现林业生产要素优化组合的有效措施。近年来，林地的经营管理权转让的情况已大量发生。为了引导林地流转健康发展，避免因林地使用权流转造成对现有林地的破坏，需要制定法律规范。为此，①用材林、经济林、薪炭林的林地使用权；用材林、经济林、薪炭林的采伐迹地、火烧迹地的林地使用权可以依法转让或作价入股或者作为合资、合作造林的条件；②其他林地使用权（防护林、特种用途林）除国务院特殊规定的之外，不得转让；③不得将林地转为非林地；④林地使用权依法转让、作价入股或者作为合资、合作条件的，已经取得的林木采伐许可证可以同时转让，但转让双方必须遵守关于森林、林木采伐和更新造林的规定。这一规定适应了市场经济的要求，有利于促进造林事业的发展，也有利于规范林地的流转行为，但具体操作办法还有待进一步明确和完善。

### 3.林地使用权出让的管理

林地使用权与林地所有权的分离为林地进入市场创造了条件。由于我国实行的是社会主义土地公有制，林地所有权不能自由变更，但林地使用权可以在法律规定的范围内出让，这不会损害我国主权。国家以林地所有者的身份将林地使用权在一定年限内让与林地使用者，并由林地使用者向国家支付林地使用出让金。林地使用权的出让是有条件的：①要签订合同。合同明确规定，有偿出让使用权的林地，其所有权仍属于中华人民共和国。国家和政府对其拥有法律授予的司法管辖权和行政管理权以及其他按中华人民共和国法律规定由国家行使的权力和因社会公众利益所必须的权益；②集体所有的林地经依法征用转为国有林地后，该林地的使用权才可有偿出让；③林地使用权的出让要符合林地利用总体规划；④要交出让金。

林地使用权出让在当前是一种行政行为。不论是林地流转或者出让，都要严格控制将林地转为非林地，否则要承担相应的法律责任。

# 第二节　林权管理

## 一、林权管理概述

### （一）林权的概念及主要内容

#### 1.林权的概念

林权即森林权属，理论上是指森林资源所有权的简称，包括森林环境资源，森林、林木和林区动植物等生物资源和林地资源等的所有权。由于森林、林木和林地的所有权或使用权是森林权属的核心内容，考虑其在实际工作中的现实意义，林权通常是指森林、林木的所有权和林地的使用权。具体表现为所有权、使用权、收益权和处置权，是森林、林木和林地的所有者或使用者对森林、林木和林地的占有、使用、收益和处分的权利。

森林权属一般有广义和狭义之分。广义的林权包括森林、林木或者林地的所有者对森林、林木或者林地的占有、使用、收益和处分的权利。而狭义的林权则不具有林地的内容，即森林、林木的所有者对森林、林木的占有、使用、收益和处分的权利。一般情况下，林权都是广义的林权。只有当林地的所有权或使用权用"山权"来代替时，"山林权"中的"林权"才是狭义的林权。

林权的内容是指林权的权利主体所享有的权利和义务主体所负的义务。权利是指权利主体（所有者）依法享有的对森林、林木和林地的占有、使用、收益和处分的权利。权利是林权内容的主要方面。义务则是义务主体（所有者以外的任何人）所负有的不干涉和妨碍使用者行使其林权的义务。义务是林权内容的次要方面，处于从属权利的地位。

### 2．林权的主要内容

（1）占有权

占有权是指林权的所有者依法对自己所有的森林、林木和林地进行实际控制和支配的权利。一般情况下，占有权由林权所有者自己直接行使，在特殊情况下也可由所有者以外的人行使。非所有人行使占有权时通常分两种情况：①合法占有，即非所有者根据法律的规定或经过所有者的同意，占有他人所有的森林、林木或林地，如农村现实生活中普遍存在的家庭联产承包责任制。农民占有集体的部分森林、林木和林地，即为合法占有；②非法占有，即没有法律依据或没有经过所有权人同意而占有他人所有的森林、林木或林地，如盗伐者盗伐他人所有的林木并据为己有的为非法占有。

（2）使用权

使用权是指所有者或使用者根据森林、林木、林地的性质和用途加以利用，以满足生产和生活需要的权利，如林权所有者或使用者可以利用林地种植树木等。使用权一般和占有权相联系。使用权可以由林权所有者行使，也可以由非林权所有者（如经营者、使用者）行使。非林权所有者的使用权是有条件的，其行使方向、使用范围须事先与所有者约定。在约定的范围内行使使用权。如使用者不按规定范围使用，所有者有权收回使用权，如我国农村集体经济组织将集体山权承包给当地居民经营使用时，一般规定对荒山必须进行限期绿化，限期内不按规定完成绿化任务的，集体经济组织有权将尚未绿化的荒山收回。

（3）收益权

收益权是指林权所有者或使用者在对森林、林木、林地加以利用的过程中获得其产生的自然、法定孳息和利益的权利。一般情况下，收益权由林权所有者行使，在所有权、使用权分离时，则根据有关法律或合同的规定进行分配。

（4）处分权

处分权，有时也称作处理权或处置权，是指林权所有者在法律允许的范围内，对森林、林木和林地进行权属处理的权利。它是林权所有人的最基本权利，也是林权内容的核心。处分一般分为事实上的处分和法律上的处分两种。事实上的处分，如林权所有者对林木进行采伐等；法律上的处分，如活立木转让、林地流转等，事实上的处分必然引起法律上处分的后果。

在改革开放前，依据法律的规定和现实的情况，林权内容中的四种具体权能在一般情况下都是统一的，都由林权所有者行使。但是，在一些特殊情况下，这四种具体权能也有分离的时候，而且这种分离往往还是林权所有者行使林权的一种形式。在改革开放以后，林权内容中的四种具体权能发生了比较明显的变化：四种具体权能在特殊情况下都是统一的，都由林权所有者行使。但是，在一般情况下，这四种具体权能是分离的，而且这种分离已经成为林权所有者行使林权的一种普遍形式。事实上正是由于四种权能不统一致使森林产权残缺不全，如个人私有权、林木所有权和林地使用权归个人所在的大队，林地所有权归集体，个人只有有限的处置权。近年来，收益权也受到制约，这就是林权的特殊之处。

## （二）林权的形式及划分

### 1. 林权的形式

（1）所有权形式

我国森林、林木和林地的所有权有三种形式：

①国家所有权

除我国东北和西南有大面积国有森林外，在中部、南部等人口稠密的省（区、市），国家所有的森林资源主要是新中国成立初期依法收归国有的庙宇、祠堂、宗族山林和边远地区无人经营的荒山，以及后来建立国有林场时征用集体无力经营的荒山，铁路、交通、水利、农垦、部队等部门在国有土地上营造的森林和林木。

②集体所有权

法律规定属于集体所有的森林资源，属于集体所有。主要有：根据 20 世纪 50 年代《土地改革法》分配给农民个人所有，但其后经过农业合作化时期转化为集体所有的森林、林木和林地。在集体所有的土地上由农村集体经济组织组织农民种植、培育的林木。

集体与国有林场等国有单位合作在国有土地上种植的林木，按合同约定属于集体所有的林木。公路、铁路两旁的护路林、江河两岸的护岸林，按合同约定属于集体所有的林木。在"四固定"时确定给农村集体经济组织的森林、林木和林地。在林业"三定"时期，部分地区将国有林划给农村集体经济组织所有的森林、林木和林地，并由当地人民政府核发了林权证。

③个人所有的林木

个人所有的林木主要是指：农村居民在房前屋后、自留地种植的树木。农村居民在自留山上种植的林木。农村居民在农村集体经济组织指定的其他地方种植的林木。农村居民和其他个人在以承包、租赁、购买等形式取得的有使用权的林地上种植的林木。农村居民和其他个人在承包的宜林荒山、荒地、荒滩上种植的树木。城镇居民在自有房屋庭院内种植的树木。

（2）使用权形式

我国森林、林木和林地的使用权形式多种多样，但主要有以下几种：

①国有森林、林木和林地由国有单位使用，该单位不拥有森林、林木和林地的所有权，但依法享有占有、使用、收益和部分处分权，拥有限制的使用权。我国使用国有森林、林木和林地的单位主要有：国有林场（局）、建设兵团、森林公园、自然保护区、林业科研院所等林业事业单位。铁路、交通、水利、农垦、部队等部门所属的森林经营单位。其他国有森林经营单位。

②国有森林、林木和林地，由集体以合法形式取得使用权，如采取联营、承包、租赁等形式获得森林、林木和林地的使用权。

③集体的林地，由国有林业单位使用，经营林业的国有单位没有所有权，但依法拥有使用权。

④集体的森林、林木和林地，由集体经济组织具体经营管理的，该集体经济组织依法拥有使用权，所有权归集体经济组织全体村民共有。

⑤公民、法人或其他经济组织依法使用国有的或集体所有的林地发展林业的，如采取承包、租赁、转让等形式获得林地使用权，而不拥有林地的所有权，按合同约定拥有森林、林木的所有权。

随着社会的发展，土地利用的形式多样化，森林、林木和林地使用权趋向多样化。

**2. 林权的划分**

（1）按林权的客体来划分

林权的客体包括森林、林木和林地。因此，根据客体的不同，林权可以划分为森林所有权、林木所有权和林地所有权三种具体表现形式。由于我国是取消了土地私有制的国家，因此，林地亦不能归公民个人所有，但公民个人可以依法享有林木的所有权。这就产生了林木所有权和林地所有权关系的问题。此外，大量而又广泛的林业生产活动也会带来森林所有权、林木所有权与林地所有权关系的问题。

一般情况下，林地的所有权与森林、林木的所有权主体是一致的，即谁享有林地的所有权亦同时享有该林地上的森林或者林木的所有权，这是实际工作中最为常见的现象。如集体经济组织在自己所有的林地上种植的林木，其林地所有权和林木所有权都归集体经济组织所有。

特殊情况下，林地所有权与森林、林木的所有权的主体是不一致的，产生这种情况的原因主要有：①合作造林。由于合作造林多数是以一方提供资金或者劳力、苗木等，而另一方提供林地的形式进行的，提供林地的一方并不因此而丧失其林地所有权，但合作造林所种植的林木的权属则依投资、投劳或者提供苗木的多少归合作造林的当事人所有。因此，出现了林木所有者与林地所有者的主体不一致的情况；②公民个人是林木所有权主体的情况。公民个人可以是林木所有权的主体，但我国的土地则只能归国家或集体所有，因此这种情况下便产生了林木所有权与林地所有权的主体不一致的情况；③承包造林。国家所有的宜林荒山荒地可以由集体或者个人承包造林，承包后种植的林木归承包的集体或者个人所有。在这种情况下，承包者只取得了承包后种植的林木的所有权（合同另有规定的除外），而并不因为承包而取得该林地的所有权（但依法取得了该林地的使用权）。所以，在这种情况下便也产生了林木所有权与林地所有权的主体不一致的情况。综上所述，在我国实践中，森林的所有权由所有者统一行使的情况比较少，而所有权与所有者分离的情况则比较普遍。

（2）按所有人的人数来划分

按所有人的人数来分，林权的另一种表现形式为共有林权。共有林权是林权所有人是两个或者两个以上当事人的林权。共有林权既可以发生在公民之间，也可以发生在法人之间，以及公民与法人之间。《森林法》中虽然没有对共有林权做出规定，但这是实际生活中广泛存在的一种法律现象。因此，有必要对其进行研究。

共有林权产生的原因主要有：①合作造林，合作各方对所种植的林木都享有林权；②依据合同的规定承包造林，林权的归属按合同的规定进行确定。

共有林权的形式一般分为两种：①按份共有主要是合作造林时按投资的多少等因素确定的，共有人权利义务的大小按共有份额的多少来确定；②共同共有则是共有人权利义务一致的共有，最常见的发生在公民之间，如以家庭为承包单位承包后种植的林木一般都为其家庭成员共同共有。

（3）依照法律的规定来划分（依照主体来划分）

依照主体来划分林权是我国《森林法》采取的形式。我国《森林法》把林权分为国家林权、集体林权、机关团体林权和公民个人林权。除法律规定属于集体、个人所有的以外，森林资源均属于国家所有。国家所有制单位营造的林木，由营造单位经营并按照国家规定支配林木收益。集体所有制单位营造的林木，归该单位所有。农村居民和职工在自有房屋的庭院内种植的林木，归个人所有。集体或者个人承包全民所有和集体所有的宜林荒山、荒地造林的，承包后种植的林木归承包的集体或者个人所有。

### （三）林权管理的概念及必要性

#### 1. 林权管理的概念

林权管理是指各级人民政府及其林业主管部门依照有关法律、法规、规章制度和政策，对森林、林木、林地的所有权和使用权实施保护和管理的活动。

林权管理的主体是各级人民政府及其林业主管部门，即林权管理是各级政府的职责，也是各级林业主管部门的职责。林权管理是政府行政行为，也是一种行政执法行为，管理主体必须依法行政、严格执法，维护林权权利人合法权益，保持林权稳定。

#### 2. 林权管理的必要性

国家财产神圣不可侵犯，禁止任何组织或者个人侵占、哄抢、私分、截留、破坏。集体和个人所有的财产受法律保护，禁止任何组织或者个人侵占、哄抢、破坏或者非法查封、扣押、冻结、没收。土地和森林是重要的基础资源，具有重要的社会性和公益性，所有权人或使用权人必须依照国家的有关法律法规规定来行使权利。而林权管理的主要目的和任务是维护其所有者、使用者的合法权益，调整好林权关系，依法监督，合理利用林地、森林和林木。林权管理的必要性主要体现在以下几方面：

（1）加强林权管理，对维护林权权利人合法权益，保护森林资源，推进林业发展，具有十分重要的意义。林权管理是森林资源管理的核心。依法颁发的林权证书是林权权利人经营和使用森林、林木、林地的法律凭证。

（2）加强林权管理是发展林业生产的需要。随着我国林业改革不断深入，林权变化比较大，不少森林、林木、林地所有者或使用者没有取得林权证，其合法权益得不到法律保障，使林业改革和发展受到一定阻碍。

（3）加强林权管理，搞好林权改革，维护林业经营者的合法权益和林权秩序，才能推进林业更好地发展。有些地方，由于林权不清，权属不稳，导致盗伐滥伐林木、乱收乱购木材、乱征乱占林地的现象屡禁不止，影响了林区治安秩序。加强林权管理，依法制止林业生产经营活动的非法行为，对保持林区社会稳定具有重要的作用。

（4）加强林权管理，是落实《林权法》《农村土地承包法》等相关法律法规，完善森林分类经营，巩固退耕还林和集体林权制度改革成果的需要。

### （四）林权制度改革

我国 69% 的国土面积是山区，56% 的人口生活在山区。在全国 25 亿多亩林地面积中，全国集体林地占 58%。集体林地是国家重要的土地资源，是林业重要的生产要素，是农民重要的生活保障。实行集体林权制度改革，就是要在保持林地集体所有制不变的前提下，通过依法实行土地承包经营制度，将林地的使用权、林木的所有权、经营权、处置权和收益权落实到户，明晰山林权属、落实经营主体、放活林业经营，充分调动广大农民的积极性，着力挖掘林业发展的潜力。

在推进林权制度改革过程中，要建立健全五项支林惠民政策：①建立健全林业投入保障、生态效益补偿、林业补贴、税费扶持等林业支持保护制度，为改革提供有力保障；②建立健全金融支撑制度，加大林业信贷投入，拓宽林业融资渠道，健全林权抵押贷款制度，完善财政贴息政策，建立政策性森林保险制度，增强金融对林业发展的服务能力；③建立健全林木采伐管理制度，简化采伐审批程序，实行林木采伐分类管理，赋予森林经营者更充分的林木处置权；④建立健全集体林权流转制度，尽快建立森林资源资产评估制度，规范林地承包经营权、林木所有权流转；⑤建立健全林业社会化服务体系，大力发展农民林业专业合作社等林业合作组织，鼓励发展各类林业专业协会，为林业发展提供优质高效服务。

把林地的使用权交给农民，让农民依法享有林木的所有权、处置权、收益权，确立了农民对山林使用权和经营权的法律地位，让百姓吃下"定心丸"。这场改革的核心要素是惠及亿万山区农民，而林改试行以来的实践也充分证明，集体林权制度改革为广大山区人民带来了福音，吸纳了更多农民工回乡植树造林，从事林业经营。集体林改促进了大量历史遗留山林纠纷的处置，化解了许多矛盾，促进了农村和谐。村集体有了持续稳定的收入来源，有能力为村民办好事办实事，村民自治和民主管理得到加强，推动了村民生活富裕、村容整洁、村风文明目标的实现，展现了社会主义新农村的崭新风貌。生产力的提高、村民生活水平的提高、农村教育水平的提高，大幅度提高了农村文明程度，使广大农村出现了根本性的变化。这一切都更快地促进了社会主义新农村的建设。

集体林权制度改革是巩固和完善农村基本经营制度的必然要求，是促进农民就业增收的战略举措，是建设生态文明的重要内容，是推进现代林业发展的强大动力，是对农村土地经营制度的丰富和完善。它有利于促进农民特别是山区农民脱贫致富，破解"三农"

问题，推进社会主义新农村建设；有利于发挥林业的生态、经济、社会和文化等多种功能，促进人与自然和谐，推动经济社会可持续发展。

## 二、林权管理的主要内容

林权管理的内容从理论上讲，主要有基础管理和权属管理。基础管理包括林权调查、林权统计、建立林权档案和法规制度建设。权属管理包括权属审核确认、林权登记发证、林权变更登记、林权争议调处。

### （一）林权确认

国家所有的和集体所有的森林、林木和林地，个人所有的林木和使用的林地，由县级以上地方人民政府登记造册，发放证书，确认所有权或者使用权。国务院可以授权国务院林业主管部门，对国务院确定的国家所有的重点林区的森林、林木和林地登记造册，发放证书，并通知有关地方人民政府。林权确认是国家用以确定林地、林木所有者或使用者拥有所有权或使用权的一项法律措施，是国家林业政策法规规定的核心，是林地、林木权属管理的重要环节。因此，确认林权，是县级以上人民政府及其管理职能机构的法定职责。近年来，各省（区、市）陆续开展林业产权制度改革，特别是自2008年开始，南方集体林权制度改革全面展开，林权的确认是重要的内容之一。依法严格保护林权所有者的财产权，维护其合法权益。对权属明确并已核发林权证的，要切实维护林权证的法律效力；对权属明确尚未核发林权证的，要尽快核发；对权属不清或有争议的，要抓紧明晰或调处，并尽快核发权属证明。退耕土地还林后，要依法及时办理相关手续。

确权发证的原则：①坚持稳定山林权属；②坚持自留山政策不变；③坚持完善林业生产责任制；④坚持自愿申请和公开、公正。

有下列情况之一的，可暂停办理登记发证的手续：①权属界线不清的；②所有权或使用权有争议的；③对申请办理登记者的权属有异议的；④擅自占用和其他违法占用的。

实施退耕还林的地区，农民房前屋后栽植的树木，亦属确权登记发证范围，确权发证的范围，包括国家所有和集体所有的森林、林木和林地，个人所有的林木和使用的林地，以及非公有制单位经营的森林、林木和使用的林地。具体包括以下内容：①《森林法》《森林法实施条例》中所规定的森林、林木和林地；②从权利人角度，包括国家所有和集体所有的森林、林木和林地，个人所有的林木和使用的林地，以及非公有制单位经营的森林、林木和使用的林地。行政、事业、企业单位，以及城镇居民个人，在农村以租赁等形式经营的森林、林木和使用的林地，都应该确权发证；③发放了农村土地承包经营权证但已退耕还林的耕地，根据《退耕还林条例》的规定，要确保退耕农民享有在退耕土地和荒山荒地上种植的林木所有权，应依法履行土地用途变更手续，由县级以上人民政府发放《林权证》。另外，营造了农田林网所形成的成片林木，耕地以外的林地，都应登记换发《林权证》。④农民房前屋后和自留地上的林木，在当地规定的宅基地与划定的自留地的范围内，农户栽植的林木，当其林木郁闭度大于0.1，以及经济价值高的经济林木，农户要求登记发证的，可按群众意愿办理登记发证手续。

### （二）林权登记

在林权确认的基础上，林权权利人向有权颁发林权证书的发证机关提出申请，并呈送相关资料；发证机关填发林地登记通知书及附图；通知林地权属单位或个人；接受林地登记申请；公布林地权属登记情况；复核无误后，填写登记表册，颁发林权证书。

林权登记是指国家林业主管部门根据权利人的申请或法律规定，依法将有关申请人因森林资源开发利用所产生的物权和物权变动的事项记载于林权登记簿，并由此产生特定法律效果的事实。国家依法实行森林、林木和林地登记发证制度。依法登记的森林、林木和林地的所有权、使用权受法律保护，任何单位和个人不得侵犯。

林权登记的内容：①登记的法律依据或规定；②登记对象，即森林、林木、林地权属单位（法人或权利人）。③森林、林木和林地的位置和四至；④所有或使用林地的面积，即包括林地总面积、权属类别面积、地类面积及其林木的权属状况；⑤有关权属规定和具体权能等。

林权证是确认森林、林木和林地所有权和使用权的唯一法律凭证，是林地使用权和林木所有权或使用权进入市场流转的法律依据，国家依法实行森林、林木和林地登记发证制度。县级以上人民政府是林权证的发证机关。林权登记颁发的证书，一律使用国家林业和草原局依法统一印制的《林权证》。林权登记发证的程序包括：①提出申请；②审核登记；③颁发证书；④验收建档。

使用国务院确定的国家所有的重点林区的森林、林木和林地的单位，应当向国务院林业主管部门提出申请登记，由国务院林业主管部门登记造册核发证书，确认森林、林木和林地使用权以及林木所有权。使用国家所有的跨行政区域的森林、林木和林地的单位和个人，应当向共同的上一级人民政府林业主管部门提出登记申请，由该人民政府登记造册，核发证书，确认森林、林木和林地使用权以及林木所有权。使用国家所有的其他森林、林木和林地的单位和个人，应当向县级以上地方人民政府林业主管部门提出登记申请，由县级以上地方人民政府登记造册，核发证书，确认森林、林木和林地使用权以及由使用者所有的林木所有权。

### （三）林权变更登记

林权发生变更的，林权权利人应当到初始登记机关申请变更登记。林地被依法征用、占用或者由于其他原因造成林地灭失的，原林权权利人应当到初始登记机关申请办理注销登记。林权权利人申请办理变更登记或者注销登记时，应当提交林权登记申请表、林权证和林权依法变更或者灭失的有关证明文件。登记机关应对林权权利人提交的申请登记材料进行初步审查，并依法办理林权变更或注销登记手续。

**1. 林权变更登记申请**

林权权属单位发生林权权属或土地类型变更，需要按规定期限，持林权证和政府批件向县级以上林权管理机构申请变更登记。凡林权权属变更的，一般结合林地征占用（划拨）、转让、租赁、调整等法律程序办理，及时申请变更登记；属于自身权属范围内的地类变更，根据林地管理机构的规定不定期或1年办理1次申请变更登记。

**2. 调查核实和填写林权变更原始登记表**

县级以上林权管理机构或其委托的乡（镇）林业站，应根据变更登记申请，派人到现场调查核实，并填写林地变更原始记录表，发现下列情况之一的，应查证清楚，并报县级（含县级）以上人民政府批准，不得重新核发林权证。

（1）未经批准擅自改变林地用途的。

（2）非法买卖森林、林地的。

（3）使用国有林地的单位已撤销的。

（4）经国家或省级审核、批准，林地已被征占用或划拨的。

（5）使用不当，使森林、林地遭受严重破坏的。

（6）林地、林木权属有争议的。

（7）林地权属经政府调整或林权争议经政府调解、处理后，不再享有林权的原持证人不将原证交回的。

**3. 填写林权证书**

现场调查后，同意变更登记的，在原权属单位的林权证书等相关资料上，将变更原因、内容和面积做明确的记载，把相应的数量和情况转抄到新的权属单位的林权证书上，并盖章签字。

**4. 更改图面材料**

原权属单位林权证的附图也要做相应变动，做到林权登记表、林权证书和实地互相一致，互为印证。

**（四）建立林权档案**

在林权登记发证的基础上，要建立规范的林权档案。林权档案应当包括：①林权登记申请表；②林权权利人个人身份证明、法人或者其他组织的资格证明、法定代表人或者负责人的身份证明、法定代理人或者委托代理人的身份证明和载明委托事项和委托权限的委托书；③申请登记的森林、林木和林地权属证明文件；④林权登记台账；⑤林权异议材料和登记机关的调查材料及审查意见；⑥其他有关图表、数据资料等文件。随着科技的发展，当前林权档案的建立管理，应充分利用计算机信息系统的技术进行管理。

### （五）林权争议调处

森林、林木、林地所有者和使用者通过合法程序领取的林权证书，是森林、林木和林地唯一合法的权属证书，权利人可以据此对抗一切他人的非法侵权行为，并通过寻求行政和司法救济，使其合法权益得到国家法律的保护。单位之间发生的林木、林地所有权和使用权争议由县级以上人民政府依法处理；个人之间、个人与单位之间发生的林木所有权和林地使用权争议，由当地县级或者乡级人民政府依法处理。当事人对人民政府的处理决定不服的，可以在接到通知之日起1个月内，向人民法院起诉。公民、法人或者其他组织对行政机关做出的关于确认土地、矿藏、水流、森林、山岭、草原、荒地、滩涂、海域等自然资源的所有权或者使用权的决定不服的，可以依法向有关行政机关提出行政复议，或者依法向人民法院提起诉讼。在林权争议未解决以前，擅自采伐有争议的林木或者在有争议的林地上从事基本建设及其他生产活动的，由县级以上人民政府林业行政主管部门依照《森林法》等法律法规给予行政处罚。

## 三、林权争议调处

### （一）林权争议的概念

林权争议是指森林、林木、林地所有者或者使用者之间，就如何占用、使用、收益、处分林木和林地的问题所发生的争议，即指当事人各方对林权的归属持不同的主张和要求，也称为山林权纠纷。

林权争议有广义和狭义之分。广义的林权争议包括林木、林地的所有权和使用权的争议。通常所讲的林权争议一般都是指广义而言的。狭义的林权争议则仅指林木的所有权或使用权的争议，不包括林地的所有权或使用权的内容。

### （二）林权争议调处的原则和依据

#### 1.林权争议调处的原则

根据我国有关林权调处的法律、法规和政策的规定，林权调处应遵循以下原则：

（1）尊重历史和现实情况

我国的土地制度有三次大的变革。①土地改革，从封建的土地制度经过土地改革转变为农民的土地所有制，从而确立了新中国土地制度的基础；②农业集体化，从农民的个体所有制通过农业合作化运动，转变为农民的集体所有制；③随着农业联产承包责任制的建立，在坚持土地公有制的基础上，农业生产从集体经营转变为以家庭经营为主要经营形式，对农业的生产关系做了部分调整。

各个时期依法核发的林权证和林地登记册，各种经营管理凭据、协议、合同、裁决书等，从不同时期、不同角度，为确认林权提供了依据，是确认林权权属的基础资料。因此，在调处林权争议时要十分重视证据的收集和真伪的鉴别，才能正确及时地调处林权争议。

（2）有利于安定团结

在处理林权争议的工作中，必须保持政策的稳定性和连续性。要以法律为准绳，以历史形成的文件或有效协议为依据。凡现有权属清楚的，都应当予以确认，由县级以上人民政府颁发《林权证》；已经颁发的林权证，具有法律效力，不得随意变更。林权争议往往影响当事人之间的团结，是林区社会不安定的因素之一。因此，无论是当事人还是调解人，都要以团结为重，切忌因解决争议而造成当事人之间新的不和，甚至引起群众性的械斗等更严重的后果。这是调处争议工作中至关重要的一点。

（3）着重调解

林权争议的当事人之间没有根本的利害冲突。因此，只要查明事实，弄清是非，认真调解，多数争议是可以得到解决的。另外，经调解处理的林权争议，是在当事人自愿的基础上达成的协议，有执行的基础。即使通过调解达不成协议，也为下一步调处工作打下基础。所以这一原则要贯穿于林权争议调处过程的始终。

（4）兼顾各方当事人的利益

争议未解决之前，必然影响当事人合法权利的正常行使。因此，在解决争议的过程中，应兼顾各方当事人的利益，使争议得以公平合理地解决。如果工作中忽视一方的利益，则必然影响其合法权益，这是与《森林法》的基本原则不符的，只有兼顾了各方当事人的利益，才能使争议得以公平合理地解决。这个原则特别适用于双方证据充足的情况。

（5）有利于群众生产和生活

在各方证据都不完整或者双方都无证据的情况，不仅要兼顾各方当事人的利益，而且要有利于林业生产和今后山林的经营与管理；有利于群众生产和生活的方便；有利于保护、培育和合理利用森林资源，保证森林资源不被破坏。

（6）互谅互让

大多数林权争议都是权属证据不足而产生的争议。在解决争议的过程中，要充分发扬风格，依靠当事人互谅互让、自己协商解决。争议双方所在地的领导干部在调处林权争议工作中，要求双方互谅互让，顾全大局，站在公正的立场上，严格教育自己一方的群众，讲党性、讲团结。只有依靠争议的当事人协商解决林权争议，才能维护当事人的合法权益。

（7）将争议解决在基层

林权争议，不论是跨省的，还是跨县的，归根结底是争议双方基层单位的争议。当事人之间大多数都是山水相依，联亲结友，有一定的感情基础。因此，解决争议的着眼点应放在基层，由当事人自己协商解决为好。尽可能不要将矛盾上交，这样既有利于争议的及时解决，又可以促进当事人的团结。

（8）及时调处

林业主管部门或林权争议调处机构接到林权争议当事人提交的《林木林地权属争议处理申请书》后，应当及时组织调处，防止事态扩大，矛盾激化，造成重大损失。按照调处林权争议的三个程序，首先协商解决，如协商不能解决，应当及时进入下一个程序，直至争议得到解决。

### 2.林权争议调处的依据

（1）调处林权争议的主要依据。

①县级以上人民政府或者国务院授权林业主管部门依法颁发的森林、林木、林地的所有权或者使用权证书，即林权证。

②跨县级以上行政区域的林权争议，以林地、林木所在地人民政府或当事人之间的共同上一级人民政府颁发的有效林权凭证为依据。

（2）尚未取得林权证的，下列证据作为处理林权争议的依据。

①土地改革时期，人民政府依法颁发的土地证。

②土地改革时期，《土地改革法》规定不发证的林木、林地的土地清册。

③当事人之间依法达成的林权争议处理协议、赠送凭证及附图。

④人民政府做出的林权争议处理决定。

⑤对同一起林权争议有数次处理协议或者决定的，以上一级人民政府做出的最终决定或者所在地人民政府做出的最后一次决定为依据。

⑥人民法院做出的裁定、判决。

（3）土地改革后至林权争议发生时，下列证据可以作为处理林权争议的参考依据。
①国有林业企事业单位设立时，该单位的总体设计书所确定的经营管理范围及附图；

②土地改革、合作化时期有关林木、林地权属的其他凭证；③能够准确反映林木、林地经营管理状况的有关凭证；④依照法律、法规和有关政策规定，能够确定林木、林地权属的其他凭证。

（4）根据国家林业主管部门颁发的《林木林地权属争议处理办法》等规范，对以下几个问题做出了处理规定：①土地改革前有关林木、林地权属的凭证，不得作为处理林权争议的依据或者参考依据；②处理林权争议时，林木、林地权属凭证记载的四至清楚的，应当以四至为准；四至不清楚的，应当协商解决；经协商不能解决的，由当事人共同的人民政府确定其权属；③当事人对同一起林权争议都能够出具合法凭证的，应当协商解决；经协商不能解决的，由当事人共同的人民政府按照双方各半的原则，并结合实际情况确定其权属；④土地改革后营造的林木，按照"谁造林、谁管护、权属归谁所有"的原则确定其权属，但明知林地权属有争议而抢造的林木或者法律、法规另有规定的除外；⑤地方人大、人民政府制定的处理林权争议的地方性法律、规章制度和政策规定，只适用于调处本行政区内的权属。

**（三）林权争议调处的程序与方法**

林权争议的情况不同，解决的方法也不相同。根据《森林法》及有关法律法规的规定，调处林权争议具有三种不同程序与方法。

### 1. 林权争议当事人的协商解决

林权争议发生后，当事人应当主动、互谅、互让地协商解决。经协商依法达成协议的，当事人应当在协议书及附图上签字或者盖章，并报所在地林权争议处理机构备案。协商解决在一般情况下有以下几个工作步骤：

（1）当事人一方向对方提出解决林权争议的建议

此种建议可以是实质性的，即有争议的林木、林地应归谁所有或使用，以及数量、地点等；也可以是非实质性的，即只对解决争议的办法等提出建议，如参加解决争议的人员、地点、工作方法等。

（2）当事人之间进行协商或实地调查

当事人一方提出解决争议被对方接受后，当事人之间就可以按照建议或双方协商好的其他方法进行接触，讨论解决争议的方法，进行具体协商。在此过程中为了搞清争议的地点、数量等情况，还可以由当事人出面进行实地勘查或调查，这也是解决林权争议很重要的一个方面。勘查或调查可以在正式协商以前进行，也可以在协商过程中进行，既可以是单方面的，也可以是双方面的。

（3）签订协议

当事人之间就可以解决林权争议的问题经协商取得了完全一致的意见或只取得了部分一致意见后，可以签订有关协议。这种协议既可以是实质性的（多数属这种情况），也可以是非实质性的（如只取得了部分一致的意见，为保障工作顺利开展，可就下一步工作签订协议）。一般情况下，无论争议是否得到解决，都应签订相关协议（或协商会议纪要），以便备查。如争议的实质内容在协商中已得到解决，可将协议上报有关人民政府，办理权属的有关手续。

（4）县级以上人民政府办理权属登记手续，确认林权

林权争议的当事人将解决林权争议签订的协议上报有关人民政府以后，人民政府应按《森林法》的规定和协议的内容登记造册，核发权属证书，确认林权，避免新的争议产生。

**2.林权争议的行政解决**

林权争议经当事人反复协商，未能得到解决的，当事人中任何一方均可依法请求有关的人民政府进行行政解决。人民政府处理的林权争议必须符合两个条件：①当事人协商没有解决的；②未经人民法院审理的。如果不符合以上两个条件，则不能由人民政府处理。

林权争议行政解决有以下几个工作步骤：

（1）受理

人民政府接到当事人请求处理林权争议的申诉或者申请以后，应当先审查是否属于林权争议和是否符合人民政府处理的条件，决定是否接受申诉或者申请，并通知当事人。如果不属于林权争议或不符合人民政府处理条件的，则通知当事人按有关规定办理；如果属于林权争议而且符合人民政府处理条件的，则由人民政府做出受理决定，即接受当事人申请处理林权争议的请求，组织处理，并通知双方当事人负有举证责任，提出林权归属的有关证明材料等。

（2）调查、勘查和收取证据

人民政府做出受理决定以后，应及时组织人员到有争议的地方进行调查研究，了解林权争议产生的原因、经过、历史和现状等问题。在调查研究的基础上进行实地勘查，弄清争议面积、数量、地点等情况，做到心中有数，并注意收集有关证据材料。

（3）调解

处理林权争议的人民政府在通过调查研究、实地勘查，在掌握了有关证据的基础上，

应依据法律法规和政策的有关规定，组织林权争议当事人进行调解。调解工作要严格依照法律法规和政策的规定进行，调解中既不能压制当事人，也不能包办代替；要摆事实、讲道理，宣传党的林业政策和国家法律法规，促使当事人自愿和解，签订协议。调解工作可以反复进行多次，实践证明，多数林权争议反复调解是可以得到解决的。如果当事人经调解仍达不成协议，而且已无调解的可能，则由人民政府做出处理决定。

（4）裁决

林权争议经人民政府调解不能达成协议，又无继续调解必要的，由主持调解的人民政府依照国家法律法规和政策的规定做出处理决定，制作决定书或裁决文件发送给有林权争议的当事人，并注明当事人对处理决定不服的，可以在接到决定书或裁决文件之日起1个月内向有行政复议管辖权的上一级人民政府提出行政复议。人民政府对处理林权争议所做的决定是行政程序解决林权争议的最后决定，当事人在收到人民政府处理决定通知之日起1个月以内不提出复议的，则必须执行政府的处理决定。

（5）结案归档

林权争议无论经人民政府调解解决还是裁决解决，只要当事人在规定的时间内没有提出异议，争议即告解决，由处理争议的人民政府将有关材料立卷归档存查。林权争议即处理完毕。

林权争议经人民政府处理以后，也要依照《森林法》的有关规定，由获得该林权争议所有权或使用权的当事人，报县级以上地方人民政府登记造册，核发林权证书，确认权属。

### 3.林权争议的司法解决

林权争议任一方当事人对人民政府处理决定不服的，应当在接到人民政府的处理决定之日起1个月以内，向人民法院起诉，由人民法院处理。人民法院依法解决林权争议的方法称林权争议的司法解决或者行政诉讼解决。林权争议通过司法程序解决必须具备两个条件：①当事人对人民政府的处理决定和行政复议不服的，才能通过司法解决，或者说林权争议的行政程序解决是司法程序解决的必经程序，这是《森林法》《行政复议法》等法律关于处理资源权属争议应"行政处理与复议前置"的规定所决定的；②当事人必须在接到人民政府的处理决定之日起1个月以内的诉讼时效范围内，向人民法院提起诉讼。

总之，林权争议不论是经当事人协商解决、行政程序解决，还是司法程序解决，在没有解决争议以前，任何一方都不得砍伐有争议的林木，否则以破坏森林资源罪论处。这是《森林法》保护森林资源和维护当事人合法权益的一个具体而明确的规定。

### 4. 林权争议调处的要求

林权争议调处工作需要注意以下几点：

（1）林权争议调处工作机构是县级以上各级人民政府林业行政主管部门或人民政府专设的林权争议调处机构，是办理调处林权争议具体的工作机构。

（2）申请处理林权争议的，申请人应当向林权争议处理机构提交《林木林地权属争议处理申请书》。申请书应包括以下内容：①当事人的姓名、地址及其法定代表人的姓名、职务；②争议的现状，包括争议面积、林木蓄积，争议地所在的行政区域位置、四至和附图；③争议的事由，包括发生争议的时间、原因；④当事人的协商意见。林权争议处理机构在接到《林木林地权属争议处理申请书》后，应当及时组织办理。当事人对自己的主张应当出具证据。当事人不能出具证据的，不影响林权争议处理机构依据有关证据认定争议事实。《林木林地权属争议处理申请书》由省（区、市）人民政府林权争议处理机构统一印制。

（3）林权争议经林权争议处理机构调解达成协议的，当事人应当在协议书上签名或者盖章，并由调解人员署名，加盖林权争议处理机构印章，报同级人民政府或者林业行政主管部门备案。

（4）林权争议经林权争议处理机构调解未达成协议的，林权争议处理机构应当制作处理意见书，报同级人民政府做出决定。处理意见书应当写明下列内容：①当事人的姓名、地址及其法定代表人的姓名、职务；②争议的事由、各方的主张及出具的证据；③林权争议处理机构认定的事实、理由和适用的法律、法规及政策规定；④处理意见。

（5）当事人之间达成的林权争议处理协议或者人民政府做出的林权争议处理决定，凡涉及国有林业企业、事业单位经营范围变更的，应当事先征得原批准机关同意。

（6）当事人之间达成的林权争议处理协议，自当事人签字之日起生效；人民政府做出的林权争议处理决定，自送达之日起生效。

（7）当事人对人民政府做出的林权争议处理决定不服的，可向有行政复议管辖权的上一级人民政府提出行政复议，对行政复议仍然不服的，可依法向人民法院提起行政诉讼。县级以上人民政府根据已生效的林权纠纷协议、调解书、处理决定或复议决定、人民法院判决，及时组织勘定林业权属界限，依法登记、发证。

林权管理是林业行政管理和监管工作中非常重要的方面，而林政管理是森林资源培育、保护、合理开发利用三大中心工作之一。这是规范林地、林木权属管理、转变政府职能的需求。林权管理不是突击性、阶段性工作，而应成为各级林业主管部门的日常主要工作。林权证是法律凭证，是维权的依据，关键是要使林权证融入市场经济大潮中，在产权变动中体现其自身价值。林权证的发放工作最终应过渡到地籍、林籍管理，建立健全林权档案，利用信息技术手段及时更新数据，构建全国、全省、全市、全县的地籍、林籍管理系统。

当地籍、林籍管理走上正轨后，应将林权证作为林地征占用申请、林木采伐申请、林权争议调处、维护林权权利人合法权益等的重要法律凭证。

# 第五章　森林生态与可持续经营

## 第一节　森林经营区划系统

### 一、森林经营区划的概念

森林经营区划又称林地区划，是对整个林区进行地域上的划分，即将辽阔的林区和不同的森林对象划分为不同的部分或单位。划分的主要目的有：第一，便于调查、统计和分析森林资源的数量和质量；第二，便于组织各种经营单位；第三，便于长期进行森林经营利用活动，总结经验，提高森林经营水平；第四，便于进行各种技术、经济核算工作。

### 二、森林经营区划系统

#### （一）森林经营单位区划系统

##### 1. 林业局（场）的区划

林业（管理）局→林场（管理站）→林班→小班；或林业（管理）局→林场（管理站）→营林区（作业区、工区、功能区）→林班→小班。

##### 2. 自然保护区（森林公园）的区划

管理局（处）→管理站（所）→功能区（景区）→林班→小班。

国家级自然保护区按功能分为核心区、缓冲区和实验区。核心区是指保护对象具有典型代表性，并保存完好的自然生态系统和珍稀、濒危动植物的集中分布地区。缓冲区是指位于核心区周围，可以包括一部分原生性生态系统类型的演替类型所占据的半开发的地段。实验区是指缓冲区的外围，可以包括人工生态系统和宜林地在内，但最好也能包括部分原生或次生生态系统类型的地区。

## （二）县级行政单位区划系统

县→乡（镇）→村→小班；或县→乡（镇）→村→林班→小班。

森林经营区划应同行政界线保持一致。对过去已区划的界线，应相对固定，无特殊情况不宜更改。

## 三、森林经营区划的原则和方法

### （一）林业局的区划

林业局是林区中一个独立的林业生产和经营管理的企业单位。合理确定林业局的范围和境界是实现森林永续经营利用的重要保证。根据全国林业规划，我国各林区已大部分建立了林业局。在新开发的林区，首先应根据正式批准的林区总体规划方案和上级有关建局的指令性文件，合理地确定林业局的范围和境界。影响林业局境界的主要因素如下：

#### 1. 森林资源情况

森林资源是林业生产的物质基础。林业局范围内应有一定数量和质量的森林资源，才能实现森林可持续发展。森林资源主要表现在林地面积和森林蓄积量上。从长期经营和永续作业要求出发，林业局的经营面积，一般以 15 万～ 30 万 hm² 为宜；从发挥木材机械效率以及经济效益出发，以年产木材 20 万 m³ 为宜。以营林为主的林业局，因造林、经营等活动频繁，经营面积以 5 万～ 10 万 hm² 为宜。

#### 2. 自然地形、地势

林业局以大的山系、水系等自然界线和永久性的地物（如公路、铁路）作为境界，对于经营、生产、运输、管理和生活等方面均有重要意义。因此，应充分利用这些条件，防止只从有无可利用森林资源考虑，而忽视地形、地势等特点，造成运材翻山越岭、运距加长、管理不便等现象的发生。

#### 3. 行政区划

在确定林业局境界时，应尽量考虑与行政区划相一致，这样有利于林业企业与地方机构协调关系，特别是在林政管理、护林防火、劳动力调配等方面。

#### 4. 木材运输条件

在一个林业局范围内应有一个比较完整的木材运输系统。采用汽车运材，应尽量减少逆向运材道路；采用水运，应以流送河道的吸引范围为限。

林业局的范围应充分考虑有利于职工生活、交通方便。林业局的境界线一般情况下不应轻易变动，以免影响正常的经营管理。林业局的面积不宜过大，其形状以规整为好。

### （二）林场的区划

林场是经营和管理森林资源的基层林业生产单位，也是森林经营方案编制和执行的基本单位。其区划是以全面经营森林和"以场定居，以场轮伐"、森林永续经营为原则。林场的境界应尽量利用自然地形和山脊、河流、沟谷、道路等永久性标志。林场的范围应以有利于全面经营森林、合理组织生产和方便职工生活等为原则，形状最好较为规整。

关于林场的经营面积，北方林业局（企业局）下属的林场，经营面积一般为 1 万～2 万 $hm^2$，南方独立的国有林场的经营面积一般为 1 万 $hm^2$ 左右，较大的可达 3 万 $hm^2$。在少林地区，国有林场的经营面积大都为 0.1 万～0.2 万 $hm^2$。集体林区民办林场的面积从几公顷到几千公顷不等。根据我国林业企业的森林资源情况、木材生产工艺过程和营林工作的需要，林场的面积不宜大于 3 万 $hm^2$。总之，林场的面积不宜过大或过小，过大不利于合理组织生产和安排职工生活；过小则可能造成机构相对庞大、机械效率不能充分发挥等缺点。

国家林业和草原局以下的林业管理机构名称也有多种，如主伐林场、经营所、采育场、伐木场等，从长远看，应统称为林场较为合适。

### （三）营林区的区划

营林区又称作业区（分场、工区、工段）。在林场内，为了便于森林经营管理，开展多种经营活动，方便职工生活，做好护林防火工作等，将林场再区划为若干个营林区。由于森林资源的分散和集中程度、树种特点、居民点分布、地形地势、交通条件和经营水平不同，营林区面积大小也不相同，但应以工作人员到达最远的现场，步行花费的时间不超过 1.5 h 为宜。营林区界线应以自然界线为区划线，与林班线一致，即将若干个林班集中在一起组成营林区。营林区既是行政管理单位，又是基层经营单位。

林业局、林场、营林区区划以后，都应成立相应的管理机构，并分别在局、场、营林区范围内选择局址、场址和区址。局、场、区址的选择要贯彻"城乡结合、工农结合、有利生产、有利生活"的方针。

### （四）林班的区划

林班是在林场或乡（镇）范围内，为了便于森林资源统计和经营管理，将土地划分为许多面积大小比较一致的基本单位。在开展森林经营活动和生产管理时，大多数以林班为单位。因此，林班是永久性经营单位。

区划出的林班以及林班线，主要用途是便于测量和求算面积；清查和统计森林资源数据；辨认方向；护林防火以及林政管理；开展森林经营利用活动。

区划出林班后，每个林班的地理位置、相关关系以及面积就固定下来，为长期开展林业生产活动提供了方便条件。

### 1.林班的区划方法

在进行林班区划时,主要根据林区的实际情况和经营水平确定面积大小和区划方法。林班区划方法有三种，即自然区划法、人工区划法、综合区划法。

（1）自然区划法

自然区划法是以林场（或乡、镇）内的自然界线以及永久性标志，如河流、沟谷、分水岭以及道路等作为林班线划分林班的方法。这种区划方法，林班的形状和大小因当地地形而异，一般形状不规整，主要依地形变化而划分。区划时应结合营林、护林、主伐、集运材方便等进行。

自然区划法的优点是有利于森林经营管理；可以不伐开林班线，只须沿林班线挂树号；保持自然景观；对防护林、特种用途林有特殊的作用。缺点是林班面积大小不一，形状各异，计算面积较复杂，不能利用林班线识别方向。自然区划法适用山区，大多数林班为两坡夹一沟，便于经营管理。如面积过大时，可以沟底为林班线，以一面坡为一个林班。

（2）人工区划法

人工区划法（又称方格法）是以互相垂直的林班线将林场区划成正方形或长方形的规整几何形状、其大小基本一致的划分林班的方法。

人工区划法设计简单，便于调查和计算面积；林班线有助于在林区识别方向，并作为防火线和道路使用；技术要求低，操作简单。其不足之处是区划时不考虑地形条件和森林分布的实际情况，而使很多林班线失去经营作用，伐开林班线增加工作量。此法仅适用于地形较平坦、地形特点不明显的地区，如广东省雷州林业局的林场大多采用此法区划林班。采用人工区划法时，林班线方向应根据当地主要害风方向确定，以利于采伐以及伐后作业。

（3）综合区划法

综合区划法是自然区划法与人工区划法相结合划分林班的方法。一般是在自然区划的基础上，面积过大的地段或平缓地段，辅助部分人工区划而成。综合区划法形成的林班形状和大小不一致。

我国林班区划原则上采用自然区划法或综合区划法，地形较平坦地区可以采用人工区划法。

**2. 林班面积的大小和编号**

（1）林班面积的大小

林班面积的大小主要取决于经营目的、经济条件和自然条件。在南方经济条件较好的林区，林班面积应小于 $50hm^2$；北方林区林班面积一般为 $100 \sim 200hm^2$；自然保护区和西南高山林区根据需要可适当放宽标准；丰产林、特种用途林林班面积可小于 $50hm^2$；集体林区受山林权属的影响，林班面积可不受上述标准的限制；在具有风景、旅游、疗养性质的森林内，林班面积的大小和形状，应尽可能与森林景观和旅游事业的需要相结合，以保持自然面貌为原则。同一林场林班面积的变动幅度不宜超过标准要求的 $\pm 50\%$，防止无立木林地林班面积划得过大，给长期经营带来不便。

（2）林班的编号和命名

林班的编号一般是以林场或乡（镇）为单位，用阿拉伯数字从上到下、从左到右依次编号。如果当地有相应地名，应在编号后附上，以利于今后开展经营管理工作。

**3. 林班境界的确定**

林班区划的界线，既要反映在图上，又要落实到现地，才能使森林经营区划起到应有的作用。

林班现场区划时，应在林班线相交处埋设林班桩、林班指示牌（人工区划法林区）。山脊作为林班线时，可不伐开区划线，只须在界线两侧树上挂号；在不明显的山脊、山坡上区划线应伐开，一般伐开线宽为 1 米，清除伐开线上的小径木和灌木，同时在伐开线两侧树上挂号，树号应面向区划线砍成八字形，部位要适中，以便寻找。由于林班为林场永久性经营单位，因此，除特殊情况外，一般不宜变更界线和编号，以免造成经营管理上的混乱。

为了便于开展各种经营活动，在森林经营区划的基础上，应在必要的地点设置各种区划标志，如指示牌、标桩。

**（五）小班的区划**

为了调查森林资源和开展各项经营活动，有必要在林班内按一定条件划分小班。小班是林班内林学特征、立地条件一致或基本一致，具有相同的经营目的和经营措施的地块，是森林资源规划设计调查、统计和森林经营管理的基本单位。

**1. 小班区划的原则**

小班划分的原则是小班内部自然特征基本相同，与相邻小班有明显差别。

**2. 划分小班的依据**

划分小班的依据是凡能引起经营措施差别的一切因素，都可作为划分小班的依据。划分小班的依据是权属、地类、林种、森林类别、林业工程类别、起源、优势树种（组）、龄级（组）、郁闭度（覆盖度）、立地类型（或林型）和出材率等级。以上因素不同，均应划分为不同的小班。

小班划分应尽量以明显地形、地物界线为界，同时兼顾森林资源调查和经营管理的需要。

**3. 小班的面积**

小班面积依据林种、绘制基本图所用的地形图比例尺和经营集约度而定。最小小班面积在地形图上不少于 4mm²，对于面积在 0.067hm² 以上而不满足最小小班面积要求的，仍应按小班调查要求调查、记载，在图上并入相邻小班。南方集体林区商品林最大小班面积一般不超过 15hm²，其他地区一般不超过 25hm²。

无立木林地、宜林地、非林地小班面积不限。

**4. 小班区划的方法**

小班划分就是根据划分小班的基本条件确定小班的界线，把小班界线落实到地面，并反映在图上。

（1）采用由测绘部门绘制的当地最新的比例尺为（1∶10000）～（1∶25000）的地形图到现地进行对坡勾绘。根据明显的山谷、山脊、道路、河流等地物标，作为判断小班地理位置的依据，然后尽可能综合上述地物标，将小班轮廓在地形图上勾绘出来。对于没有上述比例尺地形图的地区可采用由 1∶50000 放大到 1∶25000 的地形图。

（2）使用近期（以不超过 2 年为宜）经计算机几何校正比例尺为 1∶25000 以上的卫片（空间分辨率 10m 以内）在室内进行小班勾绘，然后到现地核对。

在小班调查时，要深入林内校对，进一步修正小班轮廓线。

**5. 小班的编号**

无论采用哪一种划分小班的方法，在小班调查后，都要进行小班编号。小班编号是以林班为单位，用阿拉伯数字从上到下、从左到右依次编号。

森林经营区划和林业区划不同。林业区划侧重分析研究林业生产地域性的条件和规律，综合论证不同地区林业生产发展的方向和途径，是从宏观研究安排林业生产，具有相对的稳定性，在较长时间内起作用。森林经营区划是在林业区划的原则指导卜具体地在基层地域上落实。

# 第二节　森林资源调查

## 一、森林资源调查的概念

森林资源调查也称为森林调查，是指依据经营森林的目的要求，系统地采集、处理、预测森林资源有关信息的工作。它应用测量、测绘、遥感、各种专业调查、抽样以及电算技术等手段，以查清指定范围内的森林数量、质量、分布、生长、消耗、立地质量评价以及可及性等，为制定林业方针政策和科学经营森林提供依据，主要有森林资源状况、森林经营历史、经营条件以及未来发展等方面的调查。

## 二、森林资源调查的分类

森林资源调查的种类多样，各类调查的方法、目的、内容等有所不同。我国根据调查的目的和范围将森林资源调查分为三大类：第一，国家森林资源连续清查；第二，森林资源规划设计调查；第三，作业设计调查。

### （一）国家森林资源连续清查

国家森林资源连续清查（又称一类调查）是以掌握宏观森林资源现状和动态为目的，以省（区、市）为单位，以利用固定样地为主进行定期复查的森林资源调查方法。它是全国森林资源与生态状况综合监测体系的重要组成部分。国家森林资源连续清查成果是反映全国、各省（区、市）森林资源与生态状况，是制定和调整林业方针政策、规划、计划，监督检查各地森林资源消长任期目标责任制的主要依据。

国家森林资源连续清查的任务是定期、准确地查清全国和各省（区、市）森林资源的数量、质量及其消长情况，掌握森林生态系统的现状和变化趋势，对森林资源与生态状况进行综合评价。

国家森林资源连续清查的主要内容：第一，土地利用和覆盖。包括土地类型（地类）、植被类型的面积和分布。第二，森林资源。包括森林、林木和林地的数量、质量、结构和分布，森林按起源、权属、龄组、林种、树种的面积和蓄积，生长量和消耗量及其变化。第三，生态状况。包括森林健康状况和生态功能，森林生态系统多样性，土地沙化、荒漠化以及湿地类型面积和分布及其变化。

国家森林资源连续清查以省（区、市）为单位，原则上每5年复查1次。每年开展国家森林资源连续清查的省（区、市）由国务院林业主管部门统一安排。要求当年开展复查，翌年第一季度向国务院林业主管部门上报复查成果。

### （二）森林资源规划设计调查

森林资源规划设计调查（又称二类调查）是以国有林业局（场）、自然保护区、森林公园等森林经营单位或县级行政区域为调查单位，以满足森林经营方案、总体设计、林业区划与规划设计需要而进行的森林资源调查。其主要任务是查清森林、林地和林木资源的种类、数量、质量与分布，客观反映调查区域自然、社会经济条件，综合分析与评价森林资源与经营管理现状，对森林资源培育、保护与利用提出意见。调查成果是建立或更新森林资源档案，制定森林采伐限额，作为林业工程规划设计和森林资源管理的基础，也是制订区域国民经济发展规划和林业发展规划，实行森林生态效益补偿和森林资源资产化管理，指导和规范森林科学经营的重要依据。

森林资源的落实单位是小班，这是因为小班是森林经营活动的具体对象，也是林业生产最基础的单位，所以森林资源规划设计调查的森林资源数量和质量落实到小班。

森林资源规划设计调查的基本内容：第一，核对森林经营单位的境界线，并在经营管理范围内进行或调整（复查）经营区划；第二，调查各类林地的面积；第三，调查各类森林、林木蓄积量；第四，调查与森林资源有关的自然地理环境和生态环境因素；第五，调查森林经营条件、前期主要经营措施与经营成效。

森林资源规划设计调查间隔期一般为10年。经营水平高的地区或单位也可以5年进行1次，两次二类调查的间隔期称为经理期。在间隔期内可根据需要重新调查或进行补充调查。

### （三）作业设计调查

作业设计调查（又称三类调查），是为满足伐区设计、造林设计、抚育采伐设计、林分改造等进行的调查。作业设计调查的目的主要是对将要进行生产作业的区域进行调查，以便了解生产区域内的资源状况、生产条件等内容。作业设计调查应在二类调查的基础上，根据规划设计要求逐年进行。森林资源数据应落实到具体的伐区或一定范围的作业地块上。

作业设计的内容不同，调查的内容也各不相同。以最常见的采伐作业设计调查为例，它是森林经营管理和森林利用的关键步骤之一，主要任务是调查林分的蓄积量和出材量。

该项调查工作量大，作业实施困难。与森林资源清查、森林资源规划设计调查相比，采伐作业调查具有以下四个特点：第一，目的是为企业生产作业设计而服务的，时间紧；第二，调查和设计同步进行，以采伐作业调查为例，在调查的基础上须进行采伐设计和更新设计；第三，为保证调查精度，禁止采用目测调查，通常采用全林每木检尺或高强度抽样；第四，在调查设计中较多地使用"3S"技术手段，如利用GPS进行林区公路选线、测定伐区的边界和面积，利用GIS确定运材系统、制定作业时间、分析各种采伐方式的经济性。

按照林业标准化要求，采伐作业设计调查的内容分为三部分：第一，采伐林分标准地调查，包括树种组、起源、年龄、郁闭度、平均胸径、平均树高、单位面积株数、蓄积量、生长量；第二，采伐条件调查，包括采伐林分地理位置、气候、地形地貌、土壤条件等自然条件，交通、劳动力等社会经济条件；第三，更新情况调查，包括更新方式、更新树种、种苗供应、经费预算等。

以上三类森林资源调查的目的都是查清森林资源的现状及其变化规律，为制订林业计划和经营利用措施服务，但它们的具体对象、任务和要求不同。一类调查为国家、省（区、市）制订林业计划、政策服务；二、三类调查是为基层林业生产单位开展经营活动服务。三种调查各有自己的目的和任务，不能互相代替。如果用二类调查代替一类调查，就会因森林资源落实单位小，调查内容过多，项目过细而延长调查时间，加大成本；如果用一类调查代替二类调查，则因蓄积量、生长量以及各项调查因子无法落实到小班，满足不了经营上的要求；二类调查有较长的经理期（一般一个经理期为10年），在经理期内，各小班的森林资源都在不断发生变化，如果用二类调查代替三类调查，就会因森林资源的变化而使原调查数据不能使用；若用三类调查代替二类调查会大大增加工作量和调查时间。

### 三、森林资源规划设计调查成果

#### （一）表格材料

##### 1. 小班调查卡片
小班调查卡片是根据小班调查的内容自定格式。小班调查卡片应在外业调查期间填写，以便及时发现问题、补遗或改正。

##### 2. 森林调查簿
森林调查簿是以林班为单位进行森林资源信息记录和汇总的表册，简称调查簿。调查簿由封面、封里、封底三部分组成。封面是林班内各类土地面积、蓄积量的汇总以及林班概况；封里是记录各小班的调查因子状况、林分生长和经营措施意见情况，其形式有小班调查卡片和计算机编码记录；封底是林班内各小班经营变化情况的记录。

调查簿是森林资源信息中最基础的部分，也是森林资源档案的基础组成部分。林业企业、事业单位的资源数据都是由调查簿汇总而成，甚至有些国家的全国森林资源统计也是由森林调查簿汇总而成。森林资源规划设计调查的森林调查簿具体格式由各省（区、市）确定。

### 3.森林资源统计表

森林资源统计表的种类有很多，主要是根据调查上报内容和经营管理需要而定。最基本的统计表有：各类土地面积统计表；各类森林、林木面积蓄积统计表；林种统计表；乔木林面积蓄积按龄组统计表；生态公益林（地）统计表；红树林资源统计表。

其他统计表有：用材林面积蓄积按龄级统计表，用材林近成过熟林面积蓄积按可及度、出材等级统计表，用材林近成过熟林各树种株数、材积按径级组、林木质量统计表，用材林与一般公益林中异龄林面积蓄积按大径木比等级统计表，经济林统计表；竹林统计表，灌木林统计表，由各省（区、市）确定。这些统计表由小班调查数据汇总而成，以林业局（县）、林场（或相当）为单位进行编制。

### （二）图面材料

森林资源规划设计调查的图面材料也是森林资源规划调查的主要成果之一。它把规划设计调查的各种数据、资源种类和规划设计内容形象地反映在图面材料上，为林业生产单位开展经营活动提供方便。

森林资源规划设计调查中的图面材料主要有基本图、林相图、森林分布图、森林分类区划图和专题图。

### 1.基本图

基本图主要反映调查单位自然地理、社会经济要素和调查测绘成果。它是求算面积和编制林相图及其他林业专题图的基础图面资料。

基本图上包括各种境界线（行政区域界、国有林业局、林场、营林区、林班、小班）、道路、居民点、独立地物、地貌（山脊、山峰、陡崖等）、水系、地类、林班注记、小班注记等。

基本图以林场（或乡）、营林区为单位绘制。

基本图的比例尺，根据调查单位的面积大小和林地分布情况，可采用 1：5 000、1：10 000、1：25 000 等不同比例尺。

基本图注记：在林班中央，分母为林班面积，分子为林班号；在小班中央，有林地小班分母为小班面积，分子为小班号，分式右边注优势树种符号；疏林地小班分子为小班号，分母为小班面积，分式右边注优势树种符号；其他小班分子为小班号，分母为小班面积，并在相应位置注上地类代号。

## 2. 林相图

林相图是规划设计和经营活动的重要图面材料。通过林相图可以直接观察各小班的优势树种（组）和年龄的地域分布，是一种林业现状图。林相图是在基本图的基础上通过着色完成的。凡有林地小班，应进行全小班着色，不同的优势树种（组）采用不同的颜色，同一优势树种（组）用颜色的深浅表示龄组，一般分幼龄林、中龄林、近熟林、成熟林和过熟林五个龄组。不同的树种（组）颜色参照《林业地图图式》中的规定。有林地小班用分子式表示小班主要调查因子，如有林地小班注记方式为：小班号－龄级／地位级－郁闭度，其他小班只注记小班号和地类符号。林相图的比例尺为 1：10 000 ～ 1：50 000。

## 3. 森林分布图

森林分布图以经营单位或者县级行政区划为单位，用林相图缩小绘制。比例尺根据经营单位或者各县面积而定，一般为 1：50 000 ～ 1：100 000。地形、地物可简化，行政区划界线到乡、场一级，将相邻、相同地类或林分的小班合并。凡在森林分布图上大于 4 mm 的非有林地小班界均需绘出，但大于 4 mm 的有林地小班则不绘出小班界，仅根据林相图着色区分。有特别意义的地类、树种，面积虽达不到上述面积，也要以图表示出来。

## 4. 森林分类区划图

森林分类区划图以经营单位或者县级行政区域为单位绘制，比例尺根据经营单位或者各县面积而定，一般为 1：50 000 ～ 1：100 000。成图方法：用本期二类调查的森林分布图为底图，以营林区、乡级商品林、生态公益林分布图为基础按比例缩小归并绘制而成。图上要反映乡级以上（含乡）行政区界线，各级政府、行政村、林业企事业单位驻地的符号、名称，重要区位名称。生态公益林区域按事权等级进行着色，主要河流、水库、铁路、公路等也要按要求着色。其他成图图式要求参照《林业地图图式》的有关规定。

## 5. 专题图

在专业调查的基础上绘制各种专题图，以反映专题内容为主，比例尺根据经营管理需要确定，如土壤分布图、立地类型图、植被分布图、病虫害分布图、副产资源分布图、野生动物分布图、营林规划图等。

## （三）文字材料

文字材料主要有：森林资源调查报告、专项调查报告、质量检查报告，与上述表格材料、图面材料和文字材料相对应的电子文档。

当森林案件现场证据材料灭失时，可以查阅森林资源规划设计调查的成果材料，以获得相关的信息，为森林案件的查处提供依据。

## 四、现代林业技术在森林资源调查中的应用

### （一）现代林业技术在森林资源数据管理中的意义

现代林业技术，主要包括 GIS 技术、数据挖掘技术、专家系统和决策支持系统的研建，在森林资源数据管理中的意义主要表现在以下三方面。

#### 1. 增强对森林资源数据的管理、分析和决策的能力

GIS 具有强大的空间信息存储、管理和分析功能，可存储和管理与森林资源相关的庞大的具有准确空间地理信息属性的数据。数据挖掘是通过分析大量数据并从中寻找其规律的技术，数据挖掘的任务有关联分析、聚类分析、分类分析、异常分析、特异群组分析和演变分析。专家系统可通过模拟专家的思维方式，解决森林资源管理中的一些复杂的问题。决策支持系统可根据结构化或半结构化的知识采用人机对话的形式让决策者在依据自己经验的基础上利用各种支持功能，反复地学习、探索、实验，最后根据自己的知识判断选取一种最佳方案，从而为森林经营者或决策者提供最优的决策方案。

#### 2. 提高资源的管理水平

应用 GIS 技术使资源的空间位置与数据信息一一对应，图文并茂显示出来，方便查询，也可长期跟踪资源的动态变化，掌握现状和动态过程。数据挖掘技术、专家系统和决策支持系统的研建也为科学决策和合理经营管理森林资源提供技术保证。

#### 3. 为资源管理部门和林政管理监督提供有力支持

通过 GIS、数据挖掘和专家系统等技术可实现对森林资源数据的处理、分析、决策方案的提供等，从而为各级资源管理部门和林政管理监督提供有力支持。因此，将 GIS 技术、数据挖掘技术、专家系统研建技术和决策支持系统研建技术等新技术应用到森林资源数据管理中已成为必然趋势。通过这些技术的应用，可使特定区域内林业经营管理进入数字化、集成化、智能化和网络化，为林业的可持续发展提供技术支撑，为林业现代化建设提供新的管理手段。

### （二）RS 技术在森林调查中的应用

RS 是 20 世纪 60 年代兴起的一种探测技术，是根据电磁波的理论，应用各种传感仪器对远距离目标所辐射和反射的电磁波信息，进行收集、处理，并最后成像，从而对地面各种景物进行探测和识别的一种综合技术。它主要由遥感器、遥感平台、信息传输设备、接收装置以及图像处理设备等组成。遥感器是装在遥感平台上的设备，它可以是照相机、多光谱扫描仪、微波辐射计或合成孔径雷达等。图像处理设备可分为模拟图像处理设备和数字图像处理设备两类，主要用于对地面接收到的遥感图像信息进行处理以获取反映地物性质和状态的信息。

它的基本原理是：任何物体都具有不同的吸收、反射、辐射光谱的性能。可根据各种物体的反射光谱曲线来区分不同地物，如雪对 0.4～0.5μm 波段的电磁波具有较高的反射率，那么可采用 0.4～0.5μm 波段的遥感相片将雪与其他地物区分开，而且也可根据波谱曲线特征确定地物类型。植被的反射波谱线特征主要分三段：第一，在可见光波段，在 0.55μm 处，有一个小的反射峰，两侧 0.45μm 和 0.67μm 处有两个吸收带；第二，在近红外波段，有一定的反射的"陡坡"，至 1.1μm 附近有一峰值，形成植被的独有特征；第三，在中红外波段，因植物含水率的影响，反射率大大下降，在 1.45 微米、1.95μm、2.7μm 处形成低谷。

#### 1. 遥感技术在森林资源调查中的作用

在国家森林资源连续清查中的应用。1977 年，我国首次运用 MSS 图像对西藏地区的森林资源进行了清查，填补了我国森林资源数据调查的空白。1993 年 UNDP 项目"建立国家森林资源监测体系"，对引入遥感技术的国家森林资源连续清查体系进行了系统的研究，并在江西、辽宁和西藏等省（区）进行了示范应用；其后，遥感技术应用也从试验阶段过渡到实际应用阶段，并在体系全覆盖、提高抽样精度和防止偏估等方面起到了重要的作用。在应用遥感技术的国家森林资源清查体系中，以 3S 技术为支撑，采用中等空间分辨率遥感数据，建立了遥感监测与地面调查技术相结合的双重抽样遥感监测体系，并对全国森林资源状况进行估计并形成了森林资源分布图。但是，遥感技术在森林资源连续清查中的应用仍停留在传统模式，遥感图像处理、遥感分类判读、监测成果统计分析与监测信息管理等各个技术环节相互脱节，没有形成系统的技术流程，应用效率极低，且缺乏遥感动态信息提取的应用模式。

在森林资源规划设计调查中的应用。20 世纪 50 年代中期，在森林资源规划设计调查中，我国首次开展了森林航空测量、森林航空调查和地面综合调查工作，建立了以航空相片为手段，目测调查为基础的森林调查技术体系。20 世纪 90 年代，Landsat-TM 数据开始用于森林资源规划设计调查，但由于其分辨率较低，限制了在规划设计调查中的应用。SPOT5 数据以其较高的分辨率和 10 m 的多光谱数据已大范围地应用于森林资源规划设计调查中。根据试点分析，综合 3S 技术，应用 SPOT5 数据进行森林资源规划设计调查，可大大提高工作效率。目前，在森林资源规划设计调查中，应用的遥感数据源多为美国陆地卫星 Landsat-TM 遥感数据、法国 SPOT 卫星遥感数据、加拿大 Radarsat 雷达遥感数据和我国中巴地球资源卫星数据。

### 2. 遥感技术在森林资源监测中的应用

森林资源多阶遥感监测是以现行国家森林资源连续清查体系为基础，采用中等空间分辨率的多光谱 Landsat-TM/ETM 卫星遥感数据为主要信息源，以 3S 技术为支撑建立的遥感监测与地面调查技术相结合的多阶遥感监测体系。该体系的遥感监测技术工作以《国家级森林资源遥感监测业务运行系统》为主要应用软件，首先，通过提取遥感图像面上的森林资源信息，以达到有效防止偏估的目的；其次，进行遥感样地的布设、判读和统计；再次，在野外进行固定样地调查；最后，集成各种数据，汇总分析形成监测成果。

第一阶遥感图像面上信息提取。第一阶遥感监测的遥感图像面上信息的获得，主要以国家级系统为工具，通过遥感信息模型，以计算机自动或人机交互的方式，提取调查总体区域内的森林资源专题信息，所提取的信息包括地类信息、森林资源类型信息、森林资源变化信息、郁闭度和蓄积量定量信息等。

第一阶遥感图像面上信息提取，较为客观、全面地掌握调查区域内的森林资源状况，尤其是森林资源的变化状况，有效地防止对样地特殊对待引起的森林资源总体估计的偏差。

第二阶遥感样地抽样与目视判读。第二阶遥感样地判读主要用于获取辅助信息（地类面积、地类变化信息）进行分层。遥感判读样地分为两类，即林地和非林地，对资源现状进行分层估计。以目视判读的方式采集遥感样地的地类及其属性信息。国家级系统之子系统的遥感样地识别系统，具有灵活的遥感样地目视判读的功能。

第三阶固定样地抽样及调查。第三阶为固定样地抽样调查，其调查总体和抽样强度与现行连续清查体系一致。一般以省（区、市）为总体，采用统一的抽样设计框架。样地的大小和形状原则上与现行连续清查体系保持一致。野外固定样地需加以永久性标记，其位置保持不变，以进行定期调查。野外样地采用 GPS 进行定位和复位。固定样地地面调查，按现行《国家森林资源连续清查技术规定》的要求进行样地因子调查和样本因子调查。

## （三）GIS 在森林调查中的应用

地理信息系统（GIS）是 20 世纪 60 年代开始逐渐发展起来的一门综合性的空间数据处理技术。随着计算机技术、空间技术和无线电传输等技术的快速发展，GIS 技术近年来发展十分迅速，已成为国内外研究的热点。

GIS 至今尚没有国际统一的定义，不同学科和不同领域对 GIS 的理解不尽相同。有学者认为 GIS 是用于采集、存储、管理、分析、显示与应用地理信息的计算机系统，是分析和处理海量地理数据的通用技术。它由计算机硬件、软件、地理空间数据库和管理应用人员等几个基本部分有机组成。GIS 是一门综合性的管理技术，其优势在于可有效地对森林空间数据进行组织和管理，提供数据查询、数据分析和成图输出，具有数据库管理、更新和维护等功能，从而辅助管理层决策。

早在 20 世纪 80 年代，加拿大林业部门在森林资源信息管理方面开始进行大范围地应用 GIS 技术。自 20 世纪 90 年代以来，我国基于 GIS 技术开发研制了各种类型和不同尺度的森林资源地理信息系统，包括省级、县级、林场和乡各级森林资源地理信息系统。

GIS 在森林资源调查中的应用主要表现在以下三个方面。

### 1. 调查材料成果的更新修改

在以往由于采伐、更新、造林和自然灾害（火灾、病虫害和旱灾等）引起的林地变化，只能记录在每年的森林资源监测调查卡片上，而且图片信息（森林资源监测图）与小班数据（各调查因子）分离，随着时间的推移和人员的变更，很容易被遗忘和弄错。并且每年监测后都要重新绘制一套监测成果图，耗费大量的人力、财力、物力。但建立森林资源地理信息系统可解决上述问题，它可将每一年度监测的资源变化情况包括图面信息和小班调查数据随时在计算机系统中进行修改和更新。对于二类调查在不同经理期的测绘成果，也可以用这种方法进行更新修改，大大降低了内业材料处理的成本。

### 2. 查询分析功能

以往森林资源状况，特别是在经人为活动，如采伐、造林等造成林分面积、蓄积发生变化后，查询、统计、分析很不方便。建立了森林资源地理信息系统后，能方便快捷地查询和统计分析资源变化的情况，使林业决策者和专业技术人员能及时掌握森林资源现状和变化趋势，制定出相应林业政策和发展规划。

### 3. 自动成图

长期以来，我国林业图形处理工作多采用手工方式进行，图面要经过调绘、拼接、清绘和复制等多道工序，不仅时间长，而且精度低，严重影响了资源信息管理工作的运行，同时也给生产上的应用带来一定困难。每一次调查工作结束后，都要重新绘制林相图，耗费大量人力和物力，做一些重复和烦琐的工作。森林资源地理信息系统建立后，可以随时打印出更新后的林相图和各类资源分布图，满足了各部门规划设计和生产作业的需要。

# 第三节　森林资源信息管理

## 一、森林资源信息管理的概念与内涵

### （一）森林资源信息管理的概念

森林资源信息管理是对森林资源信息进行管理的人为社会实践活动过程，它是利用各种方法与手段，运用计划、组织、指挥、控制和协调的管理职能，对信息进行收集、存储、加工和生产提供使用服务的过程，以有效地利用人、财、物，控制森林资源按预定目标发展的活动。其前提是森林资源管理，强调信息的组织、加工、分配和服务的过程。

### （二）森林资源信息管理的内涵

1. 现代森林资源信息管理是以可持续发展的信息观为指导的管理传统的信息观强调信息是一种战略资源，是一种财富，是一种生产力要素，片面地认为促进经济发展就是它最大的作用，却没有把信息放在"自然—社会—经济"这一完整系统中加以全面考虑，从而导致了地球环境恶化和生态严重失衡。因此，迫切需要突破传统信息观的局限，形成一种新的信息观——可持续发展的信息观，即信息是社会、经济和自然的反映。用可持续发展的信息观来指导现代森林资源信息管理，可将封闭的、僵化的森林资源管理引向开放、活化的管理模式，并优化生产结构和劳动组合，将有限的森林资源进行合理配置，减少资源的不合理消耗。

2. 现代森林资源信息管理是为森林资源可持续发展服务的活动

如何最大限度地利用森林资源，既满足"可持续"的需求，又满足"发展"的需求，是困扰森林资源管理决策者的重大问题，所以，现代森林资源信息管理就理所应当充当起辅助决策的角色。现代森林资源信息管理的一个重要目标就是通过对林业可持续发展中各基本要素的分析和预测，为可持续发展决策提供服务。

### 3.现代森林资源信息管理的核心是知识管理

现代管理为适应生产和管理活动的需要，正从以"物"为中心向以"知识"为中心转变，知识作为一种生产要素在经济发展中的作用日益增长。森林资源信息管理正面临着从"物"向"知识"的转变，处理信息、管理知识，使森林资源管理从劳动密集型向知识密集型方向发展。21 世纪要全面实现可持续森林资源经营和管理应该达到：在精确的时间和空间范围内，实现精确的经营和管理。其基本途径是在森林资源经营和管理现代化的基础上，逐步实现知识管理，将以"物"为中心的森林资源经营和管理，转变为以"信息和知识"为中心，把利用木材等有形资源转化为生产力，变为利用信息和知识等无形资源转化为生产力的过程。

### 4.现代森林资源信息管理终将融入数字地球之中

数字地球的基本思想是：在全球范围内建立一个以空间位置为主线，将信息组织起来的复杂系统，即按照地理坐标整理并构造一个全球的信息模型，描述地球上的每一个点的全部信息，按地理位置组织和存储起来，并提供有效、方便和直观的检索手段和显示手段，使每个人都可以快速、准确、充分和完整地了解及利用地球上的各方面信息，即实现"信息就在我们的指尖上"的理想。森林资源作为地球的重要组成，森林资源管理又是社会经济活动的重要活动，森林资源信息管理融合于数字地球之中，不仅反映了世界现实的需要，也使森林资源管理可以获得与之相关的丰富的信息，从而提高森林资源管理的水平。

### 5.系统集成是现代森林资源信息管理的新思路

未来的森林资源信息管理，将以可持续发展为指导思想，体现自然科学与社会科学的集成，视森林资源及其管理为一个开放的、复杂的巨系统，使用集成的方法来认识与研究；根据需要和可能集各种信息技术为一体，为取得整体效益，在各个环节上发挥作用。综合上述，可以认为系统集成是现代森林资源信息管理的一种新思路，是现代思想、方法和技术等方面的一个集成体。

## 二、森林资源信息管理的内容

森林资源信息管理的内容很多，有不同的分类方式。

第一，根据信息使用方式可分为单项管理、综合管理、系统管理和集成管理。

第二，根据信息属性方式分为属性信息管理和空间信息管理。

第三，根据信息对象方式分为林地资源信息管理、林木资源信息管理、植被信息管理、野生动植物信息管理、森林环境信息管理和湿地资源信息管理。

第四，根据信息作用方式分为档案管理、预警系统、动态监测、信息发布和规划与决策。

第五，根据信息分布方式分为集群信息管理和分布式信息管理。

### 三、森林资源信息获取技术

传统的森林资源调查方法和技术主要有目测调查法、标准地调查法、角规调查法、抽样调查法和回归估测法。

目测调查法、抽样调查法、标准地调查法前面已经做了介绍。角规调查法是利用角规调查林分每公顷的断面积和蓄积量，具有工作效率高的特点。一般在立地条件不复杂、林分面积不大、透视条件好和调查员有相关经验的情况下，采用此法。角规常数应视林木大小而定。回归估测法是用其他方法的测定值与小班实测值之间建立回归关系，推算小班单位面积上的蓄积量等因子的数量值，这种方法称为回归估测法。

#### （一）PDA 技术

该技术是将 RS、GIS、GPS 和现代通信技术高度集成，能显示各种空间分辨率的遥感影像图（DOM）和地形图数据（DEM）等矢量专题图层；能进行空间图形和属性信息的交互查询；可接收 GPS 卫星信号，进行动态导航定位；具有现地区划与小班调绘、野外数据采集、小班面积自动求算、小班样地布设自动获取坐标、样地调查中计数、小班因子调查中地图与属性因子互动、综合计算与统计、统计报表与成图、数据整理与检错等多项功能。

#### （二）GPS 技术

GPS 除可以利用卫星进行定位、导航和测量之外，在森林资源调查中，还可以应用在三个方面：一是应用于罗盘仪的校正。利用 GPS 能精确测量两点间的磁方位角的功能，进行罗盘仪误差校正，可使罗盘仪校正更精确并且不受地物选择限制。二是样地的定位和复查。根据 GPS 的定位和导航功能，设置样地，或根据样地的 GPS 坐标，查找已设置的样地并进行复查。三是将作业林地地块调绘在地形图上。用 GPS 测量作业地块四周若干控制点的地理坐标，并将这些坐标标示在地形图上，最后勾绘出作业地块的边界。另外，GPS 测量成果也是 GIS 空间数据的主要数据源。

#### （三）扫描矢量化

目前，地图数字化一般采用扫描矢量化的方法。首先，根据地图幅面大小，选择合适规格的扫描仪，对纸质地图扫描生成栅格图像。其次，对栅格图像进行几何纠正。最后，实现图像的矢量化，主要采用软件自动矢量化和屏幕鼠标跟踪矢量化两种方法：软件自动矢量化工作速度较快，效率较高，但是智能化较低，其结果仍然需要再进行人工检查和编辑。通常使用 GIS 软件，如 Mapinfo、Arc/Info、GeoStar 和 SuperMap 等对扫描所获取的栅格数据进行屏幕跟踪矢量化并对矢量化结果数据进行编辑和处理。屏幕鼠标跟踪方法虽然速度较慢，但是其数字化精度较高。在林业上，通常根据现有的纸质版的图面材料，如基本图、林相图、森林分布图和专题图等，通过扫描矢量化的方法生成可在计算机上进行存储、处理和分析数值化的数据。

### （四）摄影测量

摄影测量包括航空摄影测量和地面摄影测量。摄影测量通常采用立体摄影测量方法采集某一地区空间数据，对同一地区同时摄取两张或多张重叠相片，在室内的光学仪器或计算机上恢复它们的摄影方位，重构地形表面。航测对立体覆盖的要求是：当飞行时相机拍摄的任意相邻两张相片的重叠度不少于 55%，在相邻航线上的两张相邻相片的旁向重叠应保持在 30%。

数字摄影测量是基于数字影像与摄影测量的基本原理，应用计算机技术、数字影像处理、影像匹配和模式识别等多学科的理论与方法，提取所摄对象用数字方式表达的集合与物理信息的摄影测量方法。应用数码相机的数字相片或普通相机的相片扫描，经数字摄影测量软件处理，可实现对单株林木的精确监测，如树高、任一处直径和树冠状态等。近景数字摄影测量的实质是建立相片和林木之间的共线方程。通过对树木的多张摄影相片和共线方程解算，就可建立像方坐标和物方坐标之间的空间关系，进而当像方任一点坐标已知时，可求得对应点物方（实地）坐标，进而求得任一处直径、树高和树冠体积等。

### （五）遥感图像处理

遥感成像的原理是：物体都具有光谱特性。具体地说，它们都具有不同的吸收、反射和辐射光谱的性能。在同一光谱区各种物体反映的情况不同，同一物体对不同光谱的反映也有明显差别。即使是同一物体，在不同的时间和地点，由于太阳光照射角度不同，它们反射和吸收的光谱也各不相同。遥感技术就是根据这些原理，对物体做出判断的。遥感图像处理的过程包括观测数据的输入、再生和校正处理、变换处理、分类处理和处理结果的输出 5 步。

## 四、地理数据在计算机中的表示

目前，地理信息系统（GIS）和森林资源信息管理系统等相关软件在森林防火规划和森林资源信息管理等方面发挥着重要的作用。特别是地理信息系统的应用越来越广泛。与传统的地理数据表示方法不同，GIS 要求以数字形式记载和表示地理数据。常用的有四种表示方法：矢量表示法、栅格表示法、栅格和矢量数据的图层表示法和面向对象表示法。

### （一）矢量表示法

#### 1. 矢量数据模型

众所周知，点可用二维空间中一对坐标（$x_1$，$y_1$）来表示，线由无数个点组成，相应地，线可由一串坐标对（$x_1$，$y_1$），（$x_2$，$y_2$），…（$x_n$，$y_n$）来表示，面是由若干条边界线段组成的，它可用首尾相连的坐标串来表示，这就是矢量数据的表示原理。矢量数据模型能够精确地表示点、线和面的实体，并且能方便地进行比例尺变换、投影变换以及输出到笔式绘图仪上或视频显示器上。矢量数据模型表示的是空间实体的空间特征信息（位置），如果连同属性信息一起组织并存储，则根据属性特征的不同，点可用不同的符号来表示，线可用颜色不同、粗细不等、样式不同的线条绘制，多边形可以填充不同的颜色和图案。在小比例尺图中，村庄这类对象可以用点表示，道路和河流用线表示。在较大比例尺中，村庄则被表示为一定形状的多边形。

#### 2. 矢量数据结构

矢量数据结构是对矢量数据模型进行数据组织。它通过记录实体坐标及其关系，尽可能精确地表示点、线和面等地理实体。矢量数据结构直接以几何空间坐标为基础，记录取样点坐标。采用该数据组织方式，可以得到精美的地图。另外，该结构还具有数据精度高、存储空间小等特点，是一种高效的图形数据结构。

矢量数据结构中，传统的方法是几何图形及其关系用文件方式组织。这种数据结构组织方法在计算长度、面积，编辑形状和图形，进行几何变换操作中，有很高的效率和精度。矢量数据结构按其是否明确表示地理实体间的空间关系分为实体数据结构和拓扑数据结构两大类。实体数据结构。实体数据结构也称 Spaghetti 数据结构，它是以多边形为单元，每个多边形用一串坐标对来表示的一种数据结构。按照这种数据结构，边界坐标数据和多边形单元实体一一对应，各个多边形边界点都单独编码并记录坐标。

这种数据结构具有编码容易、数字化操作简单和数据编排直观等优点。但这种方法有明显缺点：第一，相邻多边形的公共边界要数字化两遍，造成数据冗余存储；第二，缺少多边形的邻域信息和图形的拓扑关系；第三，没有建立与外界多边形的联系。因此，实体式数据结构只适用于简单的系统，如计算机地图制图等。

（1）拓扑数据结构

拓扑关系是一种描述空间结构关系的数学方法。具有拓扑关系的矢量数据结构就是拓扑数据结构。拓扑数据结构没有形成标准，但基本原理是相同的。它们的共同点是：

点相互独立，点连成线，线构成面。每条线始于起始节点，止于终止节点，并与左右多边形相邻接。拓扑数据结构包括索引式结构、双重独立编码结构、链状双重独立编码结构等。

（2）索引式结构

索引式结构采用树状索引以减少数据冗余并间接增加邻域信息。具体方法是对所有边界点进行坐标化，将坐标对以顺序方式用点坐标文件存储；根据各边界线及其包括的点建立边文件；再根据各多边形及其包括的线建立多边形文件，从而形成树状索引结构。

树状索引结构消除了相邻多边形边界的数据冗余和不一致的问题，但是比较烦琐，因而给邻域函数运算、消除无用边、处理岛状信息以及检查拓扑关系带来了一定的困难，而且人工方式建表的工作量大并容易出错。

（3）双重独立编码结构

这种数据结构最早是由美国人口统计系统采用的一种编码方式，简称 DIME 编码系统。它以城市街道为编码主体，其特点是采用了拓扑编码结构。

（4）链状双重独立编码结构

链状双重独立编码结构是在 DIME 数据结构的基础上，将 DIME 中若干只能用直线两端点的序号来表示的线段合为一个弧段，其中，每个弧段可以有许多中间点。该结构除了包括多边形文件和点坐标文件外，还包括两个文件：弧段文件和弧段点文件。其中，弧段文件主要由弧记录组成，存储弧段的起止节点号和弧段左右多边形号。弧段点文件由一系列弧段及其包括的点号组成，具体文件格式由于篇幅所限，这里不再赘述。

## （二）栅格表示法

### 1. 栅格数据模型

在栅格数据模型中，点实体是一个栅格单元或像元，线实体由一串彼此相连的像元构成，面实体则由无数串相邻的像元构成，像元的大小是一致的。像元的位置由纵横坐标（行列）决定，像元记录的顺序已经隐含了空间坐标。栅格单元的形状通常都是正方形，有时也可为矩形。

栅格的空间分辨率是指一个像元在地面所代表的实际面积大小。对于一个面积 100 平方千米的区域，以 100 m 的分辨率来表示，则需要有 $1\,000 \times 1\,000$ 个栅格，即 100 万个像元。如果每个像元占一个字节，那么这幅图像就要占用 $1\,000\,000$ 字节的存储空间。随着分辨率的增大，所需的存储空间也会呈几何级数增加。因此，在栅格数据模型中，选择空间分辨率时必须考虑存储空间的大小。

在栅格数据模型中，栅格系统的起始坐标应当和国家基本比例尺地形图公里网的交点相一致，并以公里网的纵横坐标轴作为栅格系统的坐标轴。这样便于和矢量数据或已有的栅格数据配准。

由于受到栅格大小的限制，一些栅格单元中可能出现多个地物，通常采用中心点法、面积占优法、重要性法和百分比法来确定这些单元的属性取值。

栅格数据模型的优点是不同类型的空间数据层可以不需要经过复杂几何计算进行叠加操作，但不便于进行比例尺变换、投影变换等一些变换和运算。

### 2. 栅格数据结构

用规则栅格阵列表示空间对象的数据结构称为栅格数据结构。栅格阵列中每个栅格单元的行列号确定其位置，每个栅格单元只能存在一个用来表示空间对象的类型、等级等特征的属性值。

栅格数据结构表示的地表是不连续的近似离散的数据。在栅格数据结构中，点用一个栅格单元表示；线状地物则用沿线走向的一组相邻栅格单元表示，每个栅格单元最多只有两个相邻单元在线上；面用记有区域属性的相邻栅格单元的集合表示，每个栅格单元可有多于两个的相邻单元同属于一个区域。

栅格数据结构的显著特点是：属性明显，定位隐含，数据结构简单，数学模拟方便；但也存在数据量大、难以建立实体间的拓扑关系等缺点。

（1）完全栅格数据结构

完全栅格数据结构将栅格看作一个数据矩阵，逐行逐个记录栅格单元的值。可以每行从左到右，也可奇数行从左到右而偶数行从右到左。完全栅格数据是最简单、最直接的一种栅格编码方法，其主要有三种基本组织方式：基于像元、基于层和基于面域。

（2）压缩栅格数据结构

①游程长度编码结构，也称为行程编码。它的基本思想是：对于一幅栅格数据，常常有行方向上相邻若干栅格点具有相同的属性代码，因而可采取某种方法压缩那些重复的记录内容。

②四杈树数据结构。它的基本思想是：将一幅栅格数据层或图像等分为四个部分，逐块检查其网格属性值；如果某个子区的所有格网值都具有相同的值，则这个子区就不再继续分割，否则还要把这个子区再分隔成4个子区；这样依次地分割，直到每个子块都只含有相同的属性值或灰度。

（3）链码数据结构

链码数据结构首先采用弗里曼码对栅格中的线或多边形边界进行编码，然后再组织为链码结构的文件。链式编码将线状地物或区域边界表示为：由某一起始点和在某些基本方向上的单位矢量链组成。单位矢量长度为一个栅格单元，基本方向包括 8 个方向，分别用数字 0、1、2、3、4、5、6、7 表示。

具体编码过程是：首先，按照从上到下、从左到右的原则寻找起始点，并记下该地物的特征码及起始点的行列数；然后，按顺时针方向寻迹，找到相邻的等值点，按照前面所讲的基本方向的数字命名方法，对连接前继点和后续点的单位矢量进行编码，从而最终形成一串链码，用来表示现状地物和区域边界。

### （三）栅格和矢量数据的图层表示法

在运用栅格和矢量数据模型的 GIS 中，地理数据是以图层为单位进行组织和存储的。图层表示法就是以图层为结构表示和存储综合反映某一地区的自然、人文现象的地理分布特征和过程的地理数据。一幅图层表示一种类型的地理实体，包含一定的栅格或矢量数据结构组织的同一地区、同一类型地理实体的定位和属性数据。这些数据相互关联，存储在一起形成了一个独立的数据集。

一幅图层不能表示两种或两种以上的不同集合类型的地理实体，不允许一幅图层既包括点状实体，又包含线状或面状实体，即点、线和面状实体应分别组织、存储在不同的图层中。即使是同一类型的地理实体，若其功能不同，也应分别组织、存储在不同的图层中。而且，同一地理实体因其具有不同比例尺或不同资料来源，也应分别组织和存储在不同的图层中。

栅格和矢量数据的图层表示法的优点有两点：第一，有利于运用地图重叠分析的原理，将多个图层叠加在一起建立不同地理现象之间的相互联系；第二，以图层为结构表示和组织的地理数据便于 GIS 数据的输入与编辑，同时也提高了 GIS 数据库的存储效率。

### （四）面向对象表示法

面向对象的数据模型是以对象为单位来描述和组织地理数据的。具体地说，就是以对象的属性和方法来表示、记录和存储地理数据的。分布在地球表面的所有地理实体，包括点状、线状和面状实体，都可以视为对象，如房屋、河流和森林。每一个对象都具有反映其状态的若干属性。一个小班对象可能具有这样一些属性：权属、地类、林种、林分起源、优势树种和优势树种组、龄级、郁闭度、立地类型等。每一个对象还可能具有对自身进行操作的行为。例如，计算该小班的面积，这种数据操作和运算行为称为小班对象的方法。

每一个对象都属于一个类型，称为类。例如，西湖、青海湖、洞庭湖、鄱阳湖等对象都属于"湖泊"类。类是具有部分系统属性和方法的一组对象的集合，是这些对象的统一抽象描述，其内部也包括属性和方法两个主要部分。总之，类是对象的共性抽象，对象则是类的实例。

不同的类，通过共性抽象构成超类，类成为超类的一个子类。例如，河流和湖泊都属于水系，因此，水系是河流和湖泊的超类。如此分类，就形成了一个类层次结构，用来描述一个地区各种地理实体。子类对象拥有超类对象的所有属性和方法并无须定义，直接使用这些属性和方法即可。

建立用于表示地理数据的面向对象数据模型一般遵循以下三个步骤：第一，识别对象，定义类别，建立类层次结构；第二，定义对象类的属性；第三，定义对象类的方法。

面向对象数据模型是将地理实体划分成不同的对象类，根据一定的类层次结构表示它们之间的相互关系，从而可以更丰富、更具体地表达地理对象的特征以及它们的相互关系，从而使 GIS 能以综合方式分析和模拟地表上错综复杂的人文和自然现象。并且，该模型将对象的属性和方法封装在一起，提高了 GIS 软件开发的效率。

## 五、森林档案的建立与管理

### （一）森林档案的概念

森林档案是记述和反映林业生产单位的森林资源变化情况、森林经营利用活动以及林业科学研究等方面具有保存价值的、经过归档的技术文件材料。

森林档案是技术档案的一种，是林业生产单位的技术档案，也是国家全部档案的一个重要组成部分。森林档案是林业生产建设和科学研究工作中不可缺少的重要资料。它的基本特征是：第一，在本单位生产、建设和自然科学研究活动中形成的，是记录和反映本单位科学技术活动的技术文件资料；第二，真实的历史记录，不仅真实地记述和反映本单位的科学技术活动，而且真实地说明本单位科学技术活动的历史过程；第三，具有永久和一定时期保存价值；第四，经过整理，并且按照归档制度归档的技术文件资料。

森林档案的基本特征是相互联系、相互制约的统一体，是认识和判断森林档案的基本依据。森林档案可分为两种类型，即林业经营单位所建立的森林经营档案和林业主管部门所建立的森林资源档案。

### 1. 森林经营档案

林业经营单位的主要任务是经营森林，因此，它建立的档案是和森林经营活动紧密联系在一起的，不仅记录森林资源的变化，而且还记录森林经营和经济活动情况。这类档案称为森林经营档案，包括造林设计文件、图表，权属，林种，造林树种，立地条件，造林方法，树种组成，密度，配置形式，整地方式和标准，种苗来源、规格和保湿措施，造林施工单位，施工日期，施工的组织、管理，造林成活率、保存率，抚育管理措施，病虫鼠害，森林火灾，盗伐滥伐林木调查材料，主伐更新方式，各工序用工量，投资情况，各种科学研究资料，等等。

### 2. 森林资源档案

林业主管部门的主要职能是制订计划、下达任务、检查和监督基层单位的林业生产，而不是直接组织经营。因此，这些部门建立的森林档案主要是掌握森林资源现状及其变化，预测森林资源发展趋势。这类档案称为森林资源档案，包括森林资源调查和复查资料，地方森林资源监测资料，检查期内历年统计年报表、统计台账、林权台账，森林更新、抚育改造、采伐利用资料等。

## （二）森林档案的建立

### 1. 小班档案的建立

林班和小班档案是整个森林档案中最重要的基础档案。它所包括的内容将影响到其使用和作用的发挥。在设计小班和林班档案时应本着以下几个原则：①内容应能够正确地反映林业生产活动的现实情况以及变化情况；②应尽量完整和系统并具有历史的联系；③最少不低于 5～10 年的使用价值；④格式应力求简单、明了，易于填写和掌握。

小班档案调查记载项目，应根据不同的经营任务以及经营水平的需要和要求来确定。一般经营水平越高，调查记载项目以及检索项目就越细、越多，相反则少些，但有一个最低限，即必须满足国家森林资源统计所要求的最基本的统计项目。

### 2. 林班档案的建立

林班在林场中一般是统计单位，而小班是经营活动单位。林班档案是用表、图来汇总林班内各小班档案所反映的情况：①森林资源统计部分，包括各地类面积统计，有林地面积和蓄积统计；②造林、营林统计部分，包括造林、营林的各种实际活动情况记载，如森林抚育、造林更新、主伐、林分改造、病虫害以及鼠害防治、火灾情况、开荒等统计；③进行营林措施（规划）的面积统计；④林、农、副业产品收获量统计等；⑤在正常情况下，每年都应根据林班内各小班实际变化的情况，进行一次统计填写。如果有些林班在本年度内没有进行过任何经营活动，也没有自然灾害，则只须在统计报表时，根据自然增长情况，进行修订森林资源（主要是蓄积量）的数字即可；⑥每一林班都应有一张以该林班为单位的林相底图，以便规划设计各小班的经营活动和反映经营活动后的情况，图的比例尺应不小于 1：10 000。⑦林班档案中各表式样与一般森林资源统计表格相同。

（1）林场档案的建立

林场是组织和经营管理林业生产的基层单位。林场建档是汇总各林班的各种生产情况，便于全面掌握情况、指挥生产，有系统地向上级管理单位汇报生产情况。林场档案除汇总全场的各种生产情况以外，还要统计汇总各种资源数字，掌握林场资源现状及其变化情况。林场档案实质上包括了小班档案和林班档案。因此，林场档案的建立要在小班档案和林班档案建立的基础上进行。

（2）图面档案材料的建立

图面档案材料可以全面、系统、形象地反映森林资源以及经营利用措施规划等情况，使用它来组织、规划、检查生产是比较方便的。因此，它是森林档案中重要的组成部分。图面档案主要指林场的基本图、林相图、森林分布图、森林分类区划图、规划图以及生产指挥图等。它们从不同的角度反映林场的情况。基本图和林相图在森林资源调查完成后绘制，在建档时应根据林相变化情况及时修订林相图，使之与现地情况一致，这样才能起到图面材料的指挥作用。

规划图是远景图，根据规划要求与可能，将各主要规划措施（如造林、抚育、主伐、防火线、道路网、瞭望台等）反映到图面上，它是以林相图为底图绘制的。近期的（5年内）分年度规划，远期的则统一规划。规划图亦起长期指挥图的作用。

生产指挥图作为当年或近几年的指挥生产用图，将预定要进行的生产项目分年绘在图上，完成任务后用另一种色调着色表示实际完成情况，它实质上是规划图的分图。有了生产指挥图可以做到心中有数，便于指挥生产、检查工作，其用途比较大。

图面材料档案还应该包括各种作业设计图。这些图是历史的见证，有益于以后的经营管理工作，应妥善整理归档。

（3）固定标准地或固定样地档案的建立

固定标准地或固定样地都是森林档案中的主要组成部分，它是活的档案，可利用它来查定林木生产情况（生长量、枯损量），检查经营利用效果，说明森林的变化情况。标准地和样地现地应有的标志，图上应标记，以便复查时找到。

**（三）森林档案的构成**

第一，近期森林资源规划设计调查成果（包括统计表格、图面材料和文字材料）；

没有上述资料时，暂用国家森林资源连续清查或者其他具有一定调查精度的调查资料。

第二，森林更新、造林调查设计资料。

第三，林业生产条件调查和近期各种专业调查资料。

第四，固定样地、标准地资料。

第五，林业区划、规划、森林经营方案、总体设计等资料。

第六，各种作业设计资料。

第七，历年森林资源变化资料。

第八，各种经验总结、专题调查研究资料。

第九，有关处理山权、林权的文件和资料。

第十，其他有关数据、图面、文字资料。

## （四）森林档案的管理及其利用

### 1. 健全森林档案管理体制

健全森林档案的管理体制是加强档案管理的重要保证。从中央到基层都应严格地建立对口专业管理体制，加强领导，统一技术标准，实行专人负责、分级管理、及时修订、逐年统计汇总上报的管理制度，使森林档案成为提高森林经营水平以及上级机关制订规划、计划和检查工作的科学依据。森林档案的管理体制应与林业生产管理体制相一致。一般采取四级建档和管理，即省（区、市），市（地、州、盟、林业管理局），县（旗、国有林业局、县级林场），乡（镇、林场、经营所）；省（区、市）林业主管部门为第一级，一般建至县和国有林业局、国有林场；市（地、州、盟）林业主管部门和林业管理局为第二级，一般建至乡（镇）和林场（营林区）；县（旗）林业主管部门和国有林业局、县级林场为第三级，一般建至村和林班；乡（镇、林场、经营所）为第四级，一般建至村民小组和小班或单栋树木（主要指古树名木）。

各级林业主管部门都要加强森林档案工作的领导，配备工作责任心强、有林业专业知识的技术人员负责森林档案管理工作，并建立健全管理制度。森林档案管理技术人员要保持相对稳定，不得随意调动，如确须调动时，必须做好交接工作。对森林档案管理技术人员要定期进行技术培训和业务交流，积极采用新技术，利用计算机管理森林档案，不断提高森林档案管理技术水平。

### 2. 森林档案管理技术人员的职责

档案管理人员的工作必须认真负责，严格履行自己的职责。档案管理人员的职责主要有以下几点：①深入现场调查，准确进行测量记载，切实掌握森林资源的变化，及时做好数据和图表的修正工作；②统计和分析森林资源现状，按时提供年度森林资源数据及其分析报告；③深入了解本单位的各项生产、科研等活动，参加有关会议，密切配合林管员和护林员的工作，互通情况，及时掌握资源变化信息；④组织固定样地和标准地的设置，按规定时间复测；⑤收集森林资源、经营利用、科学实验等文字、图面资料，并整理归档。严格执行档案借阅、保密等管理制度，杜绝档案资料丢失；⑥积极宣传和贯彻执行《森林法》和林业方针政策，对生产部门森林资源经营利用活动进行监督；⑦努力学习先进技术，总结管理经验，不断改进工作方法。

### 3. 森林档案管理的基本任务

森林档案管理工作的基本任务，是按照一定的原则和要求科学地管理，及时准确地提供利用，为生产和科研服务，为党和国家各项工作需要服务。森林档案管理工作也和其他技术档案管理工作一样，其基本任务包括档案的收集、整理、保管、鉴定、统计和提供利用等工作。

（1）森林档案的收集

森林档案的收集工作就是根据建档的需要，及时地收集和接收森林资源调查、各种专业调查、各项生产作业设计与实施以及科学研究成果等有保存和利用价值的资料。在进行上述工作中，档案管理人员最好深入现场，熟悉和掌握这些资料的来源以及精度，以便确定有无保存价值。在资料不足的情况下，档案员应协同业务人员亲自调查加以补充。另外，为保证档案收集工作能及时顺利地完成，应建立技术文件材料归档制度。归档制度就是确定技术文件材料的归档范围、归档时间、归档份数以及归档要求和手续等。归档范围，就是明确哪些技术文件材料必须归档，归档范围既不能过宽也不能过窄，明确归档范围是保证档案完整和档案质量的关键。归档时间一般分随时和定期两种，每个单位可根据本单位的工作情况和文件材料的特点，本着便于集中管理、便于利用的精神，具体规定本单位文件材料的归档时间。归档份数，一般文件材料归档一份，重要的和使用频繁的文件材料归档两份或三份。归档要求和手续，一般要求各业务部门负责将日常工作中形成的文件材料进行收集整理，组织保管单位再移交到档案室。

（2）森林档案的整理

森林档案的整理就是对档案资料进行分类，组织保管单位，系统排列和编目，把档案材料分门别类，使之条理化和系统化。森林档案的分类一般分为大类、属类和小类。每个大类分若干个属类，每个属类分若干个小类。组织保管单位是将一组具有有机联系的文件材料，以卷、册、袋、盒等形式组织在一起。系统排列是指对保管单位以及保管单位内的文件材料进行有秩序的排列。档案的编目是整理工作的最后一道工序，其内容包括编张号、填写保管单位目录、备考表和编制保管单位封面等工作。由于森林资源随时间的推移和经营活动的开展而不断地发生变化，因此，建档以后应随时整理统计森林资源的变化情况，准确地记入相应的卡片中，并标注在图面上。一般每年年终统计汇总一次，并及时上报。

（3）森林档案的保管

森林档案是属于国家所拥有的重要资料，应该建立责任制度，认真保管，防止损坏和丢失。为保证档案资料的完整和安全，维护档案的机密，要注意防火、防水、防潮、防虫、防尘、防鼠以及保持适宜温度等，最大限度地延长档案的寿命。

（4）森林档案资料的鉴定

森林档案资料的鉴定就是用全面的、历史的和发展的观点来确定档案的科学的、历史的和现实的价值，从而确定档案的不同保管期限，把有保存价值的档案妥善地保管好，把无保存价值的档案经过一定的批准手续销毁。保管期限一般分为永久、长期（15年以上）和短期3种。

（5）森林档案的统计

档案资料的统计主要包括保管数量的统计、鉴定情况的统计以及利用情况的统计等。它通过统计数字来了解和检查档案资料的数量、质量以及整个管理工作的基本情况。档案资料的统计工作，是制订工作计划、总结工作经验、了解利用效果、提高工作效率以及保护档案资料的完整和安全的具体措施。

**4. 森林档案资料的利用**

森林档案资料的提供利用就是创造各种有利条件，以各种行之有效的方式和方法，将档案资料提供出来，为各项工作的需要提供服务。

森林档案管理是一门科学。森林档案管理的各个环节是有机联系的统一体。收集工作是档案管理工作的起点，不建立正常的归档制度和做好收集工作，档案就缺乏来源，就不完整。提供利用是森林档案管理工作的目的，不积极提供利用，为生产和科研单位服务，森林档案工作就失去意义。档案资料的整理、保管、统计、鉴定等工作，是整个档案工作的基本建设工作，同样应予以重视。

随着计算机技术和地理信息系统在林业工作中的广泛应用，森林档案的建立和管理也进入了一个新的历史阶段。从过去的小班档案卡片，进入计算机软件管理时代，为查阅档案材料提供了便利条件，使档案的利用效率更高。

# 第四节　森林可持续经营

## 一、森林可持续经营的概念

森林可持续经营是一种包含行政、经济、法律、社会、科技等手段的行为，涉及天然林和人工林；是有计划的各种人为的干预措施，目的是保护和维持森林生态系统及其各种功能。森林可持续经营意味着对森林、林地的经营和利用时，以某种方式、一定的速度，在现在和将来保持生物多样性、生产力、更新能力、活力，实现自我恢复的能力，在地区、国家和全球水平上保持森林的生态、经济和社会功能，同时又不损害其他生态系统。森林可持续经营是以一定的方式和速度管理、利用森林和林地，在这种方式和速度下能够维持其生物多样性、生产力、更新能力、活力，并且在现在和将来都能在地方、国家和全球水平上实现它们的生态、经济和社会功能的潜力，同时对其他的生态系统不造成危害。

## 二、森林可持续经营的内涵

森林可持续经营是实现各种经营目标的过程，既能持续不断地得到所需的林业产品和服务，同时又不造成森林本来的基本价值和未来生产力的不合理减少，也不会给自然环境和社会环境造成不良影响。森林可持续经营的内涵非常丰富，不能作为一个传统的具体经营活动来理解。森林是一种可再生的自然资源，可以是私有财产，也可以是公共财产；可以是个人财产，也可以是国家财产，但站在全球的高度，森林是人类的共同财产。森林可持续经营问题，从微观角度来看，针对一个具体的经营单位，是一项具体的经营活动；从开展这一活动的管理需求和产出来看，它涉及一个经营单位的资源管理、经济发展、文化建设、社会服务及人们的生活和生存等多方面；从宏观角度来看，在区域或国家层次上看，森林是一个国家主权范围内的问题，广泛涉及资源、环境、社会、经济和文化问题，以及人类的生存和发展问题等。因此，森林可持续经营问题必将反映各国（地区）资源、环境、社会、经济、政治、贸易等状况的多样性。森林可持续经营的内涵包括：第一，遵守国家的森林管理法律；第二，加强守法、纳税和森林资源再投资的氛围。第三，遵守当地土地安排制度、协商开发森林，公平分配森林开发收入，尊重和保护当地居民对于森林的不同使用权；第四，森林经营计划应考虑和符合可持续的木材预测产量，包括要支撑野生动物、非作物植物的继存和确保水资源的正常供应、使用冲击性较小的采伐技术，保护土壤、生物多样性和幼龄树。

## 三、森林可持续经营的目标

森林经营的目标，从国家的角度是改善森林资源状况，从乡村的角度则是从森林资源中获益。因此协调长期发展与短期效益十分必要，特别是协调林农矛盾、林牧矛盾。贫困地区通常存在局部行为与短期行为。我国行业部门之间条块分割以及地方保护主义比较严重，建设项目重复、林地流失逆转得不到有效控制以及防护林树种单一等就与此有直接关系。林牧矛盾在我国是一个非常普遍的问题，特别是在"三北"地区和南方集体林区的林牧交错地带。但目前国内对此还缺乏专门的研究。森林可持续经营的基本目标包括以下几个方面：

### （一）满足社会对林产品及服务的需求目标

随着国民经济的发展和人民生活水平的提高，对木材的需求量越来越大，但我国可采资源贫乏，加之改善生态环境的任务艰巨，所以，在未来相当长的一个时期里，木材生产量是有限的，木材的生产和需求之间的矛盾将越来越突出。为缓解这一矛盾，首先，大力造林育林，加速培育森林资源；其次，必须大力发展木材的综合利用，提高资源的利用率。木材的综合利用是指利用森林采伐、造材、加工过程中所产生的剩余物和木材小料，加工成木材工业、造纸工业的原料或木材成品、半成品。发展木材综合利用，可以在不增加森林采伐量的情况下，提供更多的林产品。要重点搞好：第一，现有木材加工和综合利用工厂的挖潜、革新、改造，提高生产能力和产品质量；第二，要充分利用林区的采伐、加工和造材的剩余物，大力生产木片，开展小材小料加工，发展人造板生产；第三，各地区、各部门要从资金、燃料、动力等方面给予支持。木材加工的原料来源以主要依靠天然林逐步向人工速生丰产林过渡，利用各种加工剩余物、采伐剩余物及枝丫材生产的木材综合利用产品增长较快，精加工和深加工产品增多。

### （二）通过获得林产品创造经济效益的经济目标

通过林产品，带动林产工业及相关产业（渔业、水电、运输和牧业等）发展，煤炭、铁道、建材等用材较多的部门应积极推广采用金属矿柱、水泥轨枕、金属或塑钢门窗等代用品，并继续研制新的代用品。改变林区烧好材的习惯，抓好烧柴管理，改灶节柴，实行以煤代木，发展沼气、煤气、小水电和太阳能利用等，大力节约木材，从而减少森林资源的消耗。

### （三）加强环境保护（水土保持、水源涵养、净化空气、生物多样性保护等）的环境目标

绿色消费，也称为可持续消费，指一种以适度节制消费，避免或减少对环境的破坏，

崇尚自然和保护生态等为特征的新型消费行为和过程。绿色消费是生态经济建设的又一重要环节。绿色消费，不仅包括绿色产品，还包括物资的回收利用，能源的有效使用，对生存环境、物种环境的保护等，主要特征是简朴、摒弃过度消费与过度包装、使用绿色材料与绿色产品。

### （四）培育健康、和谐的森林生态系统的目标

森林可持续经营的内容和目标是一致的。森林主要靠培育和管护，所以人工林营造和天然林保护与恢复是森林可持续经营的主要形式。不断培育健康、充满活力的森林生态系统，提高林分质量和森林总量，使森林资源向增长的方向发展。

## 四、森林可持续经营的特征

森林可持续经营，要求以一定的方式和强度管理、利用森林和林地，有效维持其生物多样性、生产力、更新能力和活力，确保在现在和将来都能在经营单位、区域、国家和全球水平上发挥森林的生态、经济和社会综合效益，同时对其他的生态系统不造成危害。

第一，服从和服务于国家经济社会可持续发展目标，不断满足经济社会发展和人民生活水平提高对森林物质产品和生态服务功能的需要。

第二，充分利用林地生产力，培育优质高效林分，不仅强调森林的木材生产功能，更要注重森林生态系统整体功能的维持和提高。

第三，努力协调均衡相关利益群体，特别是林区居民的利益，促进参与式森林经营。

第四，完善森林经营支撑体系，加强机构、财政支持及法律、法规和科研培训体系建设，建立灵活的应急反应机制，以应对异常干旱年、严重森林火灾和林业有害生物等意外事件。

第五，强化对森林经营各环节的有效监管，切实维护森林生产力，确保森林效益持续发挥。

## 五、森林可持续经营的保障体系

要保障森林的可持续经营，首先要保护好现有的森林资源，及时准确地掌握森林资源的变化和生态环境状况则是保护好现有森林资源的前提，所以应积极构建我国森林资源综合监测体系和有效的森林资源行政管理体系。在构建森林监测体系方面，可以借助现代 3S 技术，以解决森林空间结构数据管理、地表信息的处理、获取定位数据等问题，为森林资源的监测、管理提供综合手段。完善的森林监测体系可为森林可持续经营成效

的评价、编制林业和生态建设发展规划、制定林业宏观政策提供重要的基础依据。

政府要加大林业的公共财政投入，采取适当的措施实现林业外部效益内部化，配合市场机制的作用，使林业资金有效运营，同时要建立和完善森林效益补偿制度，并探索多种融资渠道。对地方政府要落实目标责任制，要大力发展各级林业教育，积极开发后备人力资源。

要实现森林资源的可持续经营，社会与公众的参与必不可少。因为森林可持续经营已使森林经营管理成为一种社会行为，甚至是全球性的行为，这就要求全社会各部门和公众的广泛参与，并且密切注意国际上发展动向与协调合作，真正打破森林部门经营与管理的观念。同时，建立完善的森林可持续经营制度是保证长期、稳定地进行森林可持续经营的一个基本前提，同时又是衡量发展程度的一个重要标志，要完善林业产业政策，建立可持续发展的机制，改革林业资源管理制度，落实林权、分类经营政策。

建立社会化服务体系，是现代林业发展的必然趋势，是市场经济体制的必然选择，也是保障森林可持续经营的重要内容。制定有关政策，对服务组织给予必要的政策扶持。在市场化过程中，由于服务组织的服务范围较广，多数服务组织必然会处于保本经营或微利经营的状态。因此，国家给予一定的政策扶持是必要的。

建立森林可持续经营的法治保障体系。依法治林是整个社会主义法治建设的重要组成部分，也是林业发展的必由之路。多年来，我国的林业法治建设已经形成了一个以《森林法》和《野生动物保护法》等法律为核心的林业法律法规体系。伴随着林业法治建设，林业主管部门和行政执法人员依法行政的水平不断提高，林业执法监督机制也逐渐完善。开展对现行政策和法律的全面评价，制定可持续发展的法律政策体系，突出经济、社会和环境之间的联系与协调。通过法规约束、政策引导和调控，推进经济、环境的协调发展。森林可持续经营保障体系的效果，很大程度上取决于执行手段的有效性。

总之，森林可持续经营目标的实现，不仅最终有赖于综合保障体系的不断完善，同时也需要多种调控手段的综合运用，多种调控手段在目标一致的情况下，作用的方向、力度和范围不尽相同，因而，在实际运用中应加强协调，综合运用，发挥整体功能。

# 第六章　森林植被恢复与生物多样性保护

## 第一节　森林植被恢复

### 一、森林植被恢复基础理论

森林植被的恢复和生态系统的重建是在 20 世纪末备受人们关注的科学领域，是人们主动地恢复植被和保护生存环境的具体行动。人类在改造和利用自然的过程中，伴随着对自然环境产生的负面影响，大规模的森林采伐以及大范围的自然生境逐渐恶化。由此形成了以生物多样性低、功能下降为特征的各式各样的退化生态系统，所以进行植被恢复和生态重建是保证经济可持续发展的需要，更是人类生存的需要。我国森林植被由于历史原因和经营管理不当，都受到了不同程度的破坏，质量下降，数量减少，出现大量的退化生态系统。

森林植被恢复与生态重建涉及的内容十分广泛，在种群水平上有个体和遗传变异对聚集、定居、生长和演替的影响，物种生活史对策、种间关系等；在群落水平上有群落演替过程、发生规律、脆弱性和稳定性问题等；在生态系统水平上有生产力、结构和功能，生态系统的物质生产过程和生态系统的服务功能等；在景观水平上有区域的空间异质性，区域格局和管理等。

国际恢复生态学会认为退化生态系统的恢复就是模拟某一特定生态系统的结构、功能、多样性及其动态特征等，通过人为干扰建立一个原始的、过去曾经有过的生态系统。然而，要想确切地了解某一地区原始存在的生态系统的状态，或它在历史上如何发挥其功能几乎是不可能的，更不用说建立一个包括所有物种在内的，完全与本地区原始生态系统一样的群落了。恢复生态的目的在于保护某一地区地带性生态系统的生物多样性以及该生态系统的结构与动态特征。生物多样性在生态系统中具有极其重要的地位，它既是生态系统的关键组成成分和结构表现形式，又是功能正常发挥的保障，也是生态系统存在和演化的动力。生物多样性的丧失和退化必将导致环境的退化，引起生态系统结构和功能的退化，形成退化生态系统。

被人类活动干扰或破坏的生态系统，自然演替过程和动态平衡关系被打破，随之发生逆行或进展演替。然而，因干扰程度的不同，可能会出现不同的结果。我们希望把退化的生态系统恢复到原生或接近原生的状态，有时根据需要也不得不把退化生态系统恢复成与原来群落不同或全新的生态系统，它包括很多原群落所不具有的特征。不过，如果干扰或破坏停止，并对生态系统进行合理控制和有效利用，生态系统将发生明显不同的变化，受损生态系统因人类所施行的管理措施不同，可能有四种结果：①恢复到它原来的状态；②重新获得一个既包括原有特性，又包括对人类有益的新特性的状态；③根据管理技术的使用和经营目的，形成一种改进的和原来不同的状态；④因适宜条件不断遭到破坏，生态系统仍然保持退化状态。

在以往的研究中，我们结合我国的具体情况提出生态系统恢复的四个基本途径：一是保护，比如对于天然林中的原始林应该采取保护措施；二是恢复和修复，过伐林和派生林都应该采取恢复的措施；三是重建，严重水土流失的次生裸地、退耕的农田、干旱贫瘠的沙丘等应采取重建的措施；四是维持，对于稳定的次生林、极端脆弱生境和荒漠戈壁等应采取维持的措施。

目前，关于森林生态系统健康以及生物多样性与生态系统功能等问题的研究已经成为森林生态学和生物多样性研究热点。我国关于生态健康的研究正在迅速发展，在理论和方法进行探索外，已在森林等生态系统方面进行了研究。森林生物多样性的保护与森林植被的恢复是森林生态系统经营与森林健康的重要部分。

## 二、"潜接层"的概念与植被恢复

### （一）关于"潜接层"的概念

森林的更新可以理解为森林基本成分林木的恢复过程。新一代林木的出现形成了新的森林环境，并促进其他成分如灌木层、草本层及地被物的变化。更新是森林生态系统保持稳定性、延续性的关键，而在森林演替动态的垂直结构中所定义的层次只包括主林层、演替层与更新层，但从森林动态整个过程来看，忽略了与上述层次密不可分、不可缺少的地下与潜在的部分，那就是有性更新的种子与无性更新的营养体，它们是森林动态种类组成之源，可将其定义为"潜接层"，它具有潜在性、动态接替性与可移动性的特点，这样才能体现出演替过程完整的、镶嵌的循环特性。本部分内容正是结合"潜接层"探讨森林动态经营过程中主要树种的种子库的动态变化及无性更新、萌芽更新的规律与动态，为森林生态系统动态经营以及森林生物多样性的保护提供科学的更新依据。

"潜接层"包括了有性更新的种子与无性更新的营养体。对于种子库的种子来源，既包括某一群落自己的种子，也包括可能进入群落中的其他种子，种子库由这两部分构成。而对于无形更新的来源主要是林木采伐后形成的萌蘖与根蘖。种子对于每个树种都是要产生的，但在不同的立地条件下向更新层转化结果差别很大；而萌蘖与根蘖不是每个树种都能够产生的；同时，能够产生萌蘖与根蘖的树种，其萌蘖与根蘖能否"萌代主"，即形成大树，也存在差别。在森林恢复中研究这两方面内容对于植被恢复有重要的意义。

### （二）种子更新

#### 1. 种子库数量与格局

种子更新研究的基础包括种子形成过程，种子雨过程格局、种子库动态、种子向幼苗的转化过程等内容。对于北方森林种子库的研究，要注意枯枝落叶层的影响，有时需要把枯枝落叶层的种子库和土壤中种子分别统计。

#### 2. 种子库向幼苗的转化

有关幼苗转化的研究较多，但主要集中于环境条件对种子更新的影响，包括种子向幼苗转化的影响因素如林隙的大小与林隙中不同位置、森林微环境、光、温、水、林下植被等因子的影响等。并且种子库动态研究中有关种子转化为幼苗的百分率多为人工条件下的实验结果，而在自然条件下散布的种子转化为幼苗的量却很少有报道。

#### 3. 种子散播到转化为幼苗的动态过程

在以往对种子库动态过程的分析中，枯落物层的种子库的地位与作用往往被忽略，但枯落物层在整个的种子库动态过程中确实起着非常关键作用。总之，在各树种之间存在着较大差别。其原因可能与各树种种子的质量和传播方式有关。枯枝落叶层的种子基本上来源于传播与散布，有种子样方的频率的规律与样地种子分布总体规律相一致。但在单位面积内各树种的种子数量差别较大，这与树种自身的结实量及规律有关。在我国东北地区枯枝落叶层在种子动态中以及在森林更新中都具有很大的生态学意义。在自然条件下，种子库中的种子转化为幼苗的比率由于竞争与环境的胁迫，转化率极低，一般在 0.005 5% ～ 0.5%，与人工播种的转化量相比相差甚大。

### （三）无性更新

无性更新是利用留存在迹地上的树桩（伐桩）和根系上的休眠芽或不定芽形成新的植株，以达到更新的目的，萌芽更新与根蘖更新均属无性繁殖方式。由于无性更新省略采种、育苗、植苗等一系列过程，因而是所有更新方法中最为省时、省工的。萌芽更新的物质基础是伐桩上的休眠芽和不定芽。休眠芽由原生分生组织形成，不定芽由次生分生组织形成。萌芽更新在林业上意义很大，尤其在我国广大的次生林地区占有重要地位，主要体现在择伐与皆伐迹地的森林恢复和演替以及苗木培育等具有一定的作用，特别是对于强度择伐的天然林的恢复及人工林天然化经营有较大意义。萌芽更新研究主要内容包括，不同树种萌芽发生一般特征、动态以及"萌代主"等问题。

### 1. 阔叶树种萌芽更新的一般规律

在环境条件相同的情况下，伐桩产生萌芽数量取决于自身特性。不同树种，萌芽发生部位和数量是不同的；同一树种不同年龄发生的数量也有差别。

### 2. 影响伐桩产生萌芽数量的因素

在立地条件相同的情况下，萌芽数量主要取决于伐桩年龄、直径和高度等因素。伐桩的直径和年龄具有相关性。在上述因素中，伐桩年龄、直径对于萌芽的影响较大。

群落稳定性和植物的冗余特性有一定的关系。从本研究可以看出，在东北地区阔叶树种的萌芽冗余在维持森林群落的稳定性及其恢复方面有一定的作用。树木的萌芽初期高生长相对于该树种种子更新幼树要快得多，有利于森林快速更新和恢复。萌芽更新在森林群落自然演替中作用很小；但对于受人为干扰较大的次生林和人工林的改造和恢复中的地位和作用是明显的。我国很多地区有大面积的由于人为干扰而形成的次生林、人工纯林，如果根据各树种萌芽的规律，采取适当的经营管理措施，利用萌芽更新可加速植被的恢复和改善次生林树种的结构并提高次生林的生物多样性都具有一定的意义。在人工林的改造方面，可以利用林内伐桩产生的萌生条，通过一定的经营方式和保留格局形成人工林和天然树种混交的状态，对于提高人工林稳定性、生态功能和物种多样性都是很好的途径。因此，研究萌芽更新的规律和经营对于天然林保护工程所涉及的次生林的改造和快速恢复、人工林的天然化经营等具有一定的现实意义。

## 第二节　开拓效应带促进次生植被的恢复

### 一、经营的模式和目标

蒙古栎林是东北次生落叶阔叶林的主要组成树种，在东北仅次生蒙古栎林就占地19万 $km^2$，在东北地区由原始阔叶红松林经火烧、采伐等多种因素破坏后所形成的次生蒙古栎林分布更为普遍，在东北天然次生林中占有很大的比重，特别在黑龙江省不同地区的次生林中蒙古栎林一般在 50% ～ 70% 的比例，是重要的森林资源。三江平原低山丘陵区的原始植被为生产力较高的、群落较为稳定的红松针阔混交林。由于植被遭到严重的破坏，原始的植被已所剩无几，代之而来的是大面积的阔叶次生林，而在次生阔叶混交林当中，次生蒙古栎林分布更为普遍，在天然次生林中占有很大的比重，是重要的森林资源。但林地生产力低。同时，次生林群落结构单调，生物多样性较低，森林的生态环境功能脆弱，对区域的生态平衡产生了不良影响。针对该问题，采用了可行的技术对蒙古栎林进行改造对地带性植被恢复是重要的。在实践中，采用了开拓效应带的技术、"栽针保阔"对蒙古栎林进行了经营，目标是加速植被向红松针阔混交林的演替。这里是通过分析开拓效应带这一动态经营模式对天然次生林的组成结构、生物多样性的动态、更新及主要树种的生长状况进行研究，探讨该模式在植被恢复中的动态变化和经营效果。

具体的经营模式是在蒙古栎林内每隔 100m，进行带状皆伐，带宽分别为 4m、6m 和 8m，并在皆伐带内栽植红松。经营目标是通过采伐增加林下种子库的转化机会，并使外来种子有下种的机会，从而增加林分的生物多样性；通过在效应带内栽植红松加速林分向地带性植被红松针阔混交林的演替进程；并且加速蒙古栎生长速度。

## 二、开拓效应带后树种的结构与动态变化

森林群落是由一定的种类成分构成的，物种多样性组成的不同影响着整个群落的功能与动态，进而影响到整个群落与环境构成的生态系统，影响到植物群落的生产力。

### （一）乔木层的种类组成动态

开拓效应带 10 年以后，样地的林分与未开拓效应带的对照带的样地，以及在开拓不同宽度的效应带处理的样地之间，乔木层的主林层、演替层与更新层的树种组成结构发生了较为明显的变化：在开拓效应带的样地与未开拓效应带的样地之间，无论从坡上部坡下部，开拓效应带之后主林层的变化较为突出，蒙古栎所占的比例在对照带为 80% ～ 90%，而在开拓效应带的样地内一般为 50% ～ 60%，一些珍贵阔叶树种如椴树、春榆等，以进入主林层，并占有相当的比例。这说明开拓效应带以后，由于环境的改变，几乎占据整个主林层的蒙古栎的郁闭度降低，林下光照与温度等条件的改善，使受压的处于演替层的珍贵阔叶树种快速地进入主林层，进而改变了主林层的组成结构。同时环境的逐步改善也促进了其他阔叶树种的更新，使乔木层的从整体上得以全面地改观。在不同宽度的效应带之间，坡上部的 6m 带与 8m 带的效果要好于 4m 带，而在坡下部 4m 带的进展情况却好于 6m 带及 8m 带。

与主林层树种相比，演替层树种组成的变化比在开拓效应带的样地与为开拓效应带的样地之间的差别则更大，一方面开拓效应带的样地演替层的树种组成上，不同宽度的

效应带样地内蒙古栎的比重只有 15% ～ 30%，人量的多种珍贵阔叶树种如暇树、春榆以及水曲柳等，同时也有一定量的黄波罗及核桃楸进入演替层；而未开拓效应带的对照带样地内蒙古栎的比重仍达 50% 左右，虽然也有较多种类的阔叶树种，但相对蒙古栎所占比重较小。

更新层与主林层及演替层相比，天然更新变化在坡上部效应带内要好于对照带，而在坡下部相差不是很明显，但从珍贵阔叶树种的种类数量仍优于对照带。分析原因，由于效应带内栽植的红松，一定程度上也限制了其他树种的更新，但红松的存在与良好的发育，从植被总体的角度为植被快速恢复为生产力、稳定性高的针阔混交林奠定了基础。

从乔木层整体上看，开拓效应带技术全面的改善蒙古栎林的种类组成结构，促进了蒙古栎林内许多珍贵阔叶树种的良性演替与更新，同时效应带内栽植的红松生长良好，并大量地进入演替层，已初步形成了针阔混交状态。所以开拓效应带技术加速了次生林恢复为针阔混交林的进程，缩短了演替时间。

### （二）灌木层种类组成动态

坡上部的灌木组成种类在开拓效应带的样地与未开拓效应带的样地之间的区别在于对照带内的灌木以旱生化胡枝子为主，而在开拓效应带的样地内，却以中生化的榛子与荚迷为主，不但种类组成结构发生了变化，同时更重要的是说明开拓效应带正使森林的环境发生着良性的、质的变化，即由旱生植被向中生植被的转化，也反映了森林植被组成变化与环境变化的相辅相成的统一关系。坡下部的情况与坡上部的情况基本一致，灌木层的种类在开拓效应带的样地之内以榛子为主，其次为胡枝子；而在对照样地内，组成以胡枝子为主，并伴有一定量的兴安鼠李和翅卫矛的存在，说明在开拓效应带的样地内其中生化程度较高。

在组成种类的数量上，坡上部，效应带内样地的灌木种类的数量高于对照带，4m 带有灌木种类 6 种、6m 带为 4 种、8m 带为 5 种，而对照带内只有 3 种，这说明开拓效应带促进了灌木种类的发育；但坡下部却表现出截然相反的趋势，对照带的组成种类数量远高于效应带内的灌木种类，有 12 种之多；三类效应带的结果分别是 4m 带 4 种、6m 带 9 种、8m 带 5 种。分析其原因可能有两方面：一是由于效应带内乔木树种的更新与演替，以及栽植的大量红松幼树对灌木层的发育有一定的限制；二是由于对效应带内红松幼树的抚育过程中人为因素加以限制。

总之，从灌木层不同坡位种类组成的动态变化中可以得出，开拓效应带在改善组成结构的同时，也使森林生态系统的环境得以改善，促进了植被恢复并沿着良性途径变化。

### 三、开拓效应带后蒙古栎林群落组成动态

群落的组成结构是群落的总体组成水平，通常是指群落的多样性组成、群落的均匀情况和群落的生态优势度水平，这些特征可以通过合适的指数进行定量测度。

#### （一）重要值的动态变化

重要值为群落中各植物种的相对重要性，由于群落是一个种群间相互作用的、生态位分化的功能系统，而种群是群落存在的基本形式。各种群的重要值反映了种群的优势程度，其顺序还能表现群落中种群相互作用及组成的关系。依据重要值的计算公式对开拓效应带的与未开拓效应带的蒙古栎林的样地各层次组成种类的重要值进行了分析，以探讨组成结构的动态变化。

蒙古栎的优势程度在各类样地内均较高，这是因为虽然通过开拓效应带的手段大大地改善了蒙古栎林的组成结构，但同时该经营方式也同样促进了蒙古栎的生长，特别是胸径的生长远高于对照带，所以在重要值的对比中仍与对照带内蒙古栎的重要值差别不大，甚至高于对照带；然而其他树种如一些珍贵的阔叶树、红松等的种群也占据了一定的优势，并且从占据了一定的优势的种类数量上效应带内情况优于对照带，毕竟此时整个森林生态系统的变化已有利于红松与其他阔叶树种进展，处于近成熟蒙古栎林必将为新生的有效应带内栽植的红松与其他阔叶树种组成针阔混交林所取代。

#### （二）灌木层种类重要值变化

效应带的各类样地与对照带的组成物种的重要值差别较大：在效应带的各类样地中，4m 带的最大优势灌木为山梅花，重要值为 0.479 1；6m 带的最大优势灌木种为榛子，重要值为 0.472 9；8m 带的最大优势灌木种为荚迷，重要值为 0.336 2；而对照带内的最大优势灌木种为胡枝子，重要值高达 0.708 9。但在各样地中胡枝子都占有一定的优势，然而，这仍能够反映出效应带与对照带内灌木的组成结构存在着较大差别，在对照带以旱生的胡枝子占绝对优势，而在开拓效应带的各样地中，中生成分如榛子、荚迷已取代胡枝子占据优势，同样证实了开拓效应带使群落由旱生化向中生化的转变。

### 四、物种多样性变化

群落多样性是指生物群落在组成、结构、功能和动态方面表现出的丰富多彩的差异。在一定区域内，景观的异质性是由群落的多样性决定的。在对群落的物种多样性进行分析时采用了物种丰富度指数、均匀度指数（Pielou 均匀度指数）、Shannon-Wiener 指数、S1mpson 指数。

### （一）乔木层物种丰富度和多样性指数的变化

从不同宽度效应带的乔木层物种丰富度和多样性指数看，效应带间，丰富度指数是 8m 带和对照区高于 4m 带和 6m 带。而多样性指数却相反，4m 带和 6m 带高于 8m 带和对照区的，其中 6m 带又大于 4m 带，8m 带大于对照区的。均匀度指数 E，6m 带最高，其次是 4m 带、对照区，8m 带最低。总体上，坡上多样性指数低于坡下的。从乔木层物种丰富度指数及多样性指数与效应带宽度的变化趋势看，坡上丰富度指数变化不定，可能与山顶环境条件相对恶劣有关。而坡下，丰富度指数大致呈一个凹形，即两端高，中间低。而多样性指数变化却相反，即 4m 带和 6m 带的多样性指数高，二者中 6m 带的多样性指数较高，对照区和 8m 带的低，且两者的多样性指数相近。

### （二）灌木层物种丰富度和多样性指数的变化

灌木层物种丰富度指数与效应带宽度不存在相关性。坡上各效应带的多样性指数以及均匀度指数均比对照区高，多样性指数及均匀度指数 J 尤以 8m 带较高。而坡下灌木层的多样性指数及均匀度指数以对照区的较高，效应带间以 6m 带的较高，4m 带、8m 带次之。总之，灌木层的丰富度以及多样性指数的变化和效应带宽度没有直接关系。这可能受人工抚育红松时清除一些灌木，破坏了效应带宽度与灌木层物种多样性的变化规律。

### （三）草本层物种丰富度和多样性指数的变化

草本层物种丰富度指数随效应带宽度的不同而有所变化。坡上、坡下各效应带的物种丰富度指数大于对照区的，说明开拓效应带对草本层物种组成有一定的影响。坡上的丰富度指数以及多样性指数、均匀度指数变化趋势一致，随着宽度增加而增加，而后又下降，即 4m 带、6m 带的丰富度指数、多样性指数和均匀度指数高于 8m 带和对照区的。

# 第三节　人工林物种多样性保护的经营模式

## 一、恢复模式与目标

当代林业所面临的一个关键问题是森林的可持续经营，而发展以森林自然规律与特性为基础的造林模式，正是解决该问题方法的组成部分。而人工林天然化的经营技术模式则正是使林分的建立、抚育、采伐方式与潜在的天然森林植被相接近，其基本出发点是把森林生态系统的生长发育看作是一个自然过程，认为稳定的原始森林结构状态的存在是合理的，它不仅可以充分发挥和利用林地的自然生产力，而且还可以抵御自然灾害，减少损失。人工林天然化符合生物进化自然规律，天然化经营不但对于我国林区的人工林改造和植被恢复有重要作用，而且对我国自然保护区建设中，森林生态系统类型保护区内人工林如何经营和恢复问题具有重要意义。

我国东北是重要的国有林区，现有的很多重要的原始阔叶红松林保护区，由于历史的原因，很多保护区内有较大面积的落叶松人工林。落叶松人工林由于为纯林所需营养物质基本相同，又没有阔叶树的枯枝落叶来补充营养物质的消耗，单一的针叶树落叶的分解，往往使土壤酸化和板结。随着林龄的增加，土壤肥力逐渐降低，并且林木生长量也随之逐渐下降，人工落叶松林还特别容易发生大面积的早期落叶病和松毛虫。更为严重的是，大面积人工林的存在影响保护区的整体景观和保护的效果。因此这里应用森林动态理论，选择了黑龙江省的东折棱河自然保护区，研究保护区内在兴安落叶松林内，不同经营方式针阔混交比例与其林下的物种多样性指数的关系，提出保护区内落叶松人工林天然化经营效果。为保护区人工林生物多样性的保护与经营提供思路。

## 二、不同经营方式的林分物种多样性情况分析

### （一）落叶松生长情况

保护区内人工林的不同经营方式是否对落叶松生长具有一定的影响是考虑经营效果的一个方面。通过分析调查结果，得出兴安落叶松的胸径随着林内阔叶树的增多有加大的趋势。在一定针阔比例内，胸径变化有一定的波动，在一定程度上加大阔叶树比例，有利于增加兴安落叶松的胸径生长量。

### （二）物种多样性分析

自然保护区人工林的经营重要的是考虑生物多样性保护和生态功能的完整性。因此，物种组成多样性是评价经营效果重要方面。不同经营方式对林分乔木树种的组成有影响，进行天然化经营的林分的乔木树种的数量高于对照林分；同时，根据不同经营方式林分树种分布频率，也可得出适合与落叶松进行混交的树种主要是春榆、水曲柳、色木槭、黄波罗等树种，这些是天然化经营"保阔"的主要对象。

## 三、落叶松人工林天然化经营管理技术与模式

通过兴安落叶松林下物种多样性的研究，主要是为提倡营造混交林提供了一个理论依据。在对保护区现有的兴安落叶松人工林进行经营改造时，要考虑以维持较高生物多样性为前提。因此采取的经营方式为"栽针保阔"。栽针是缩短森林自然（演替）恢复过程的重要手段，保阔是迅速形成（或恢复）地带性顶极植被。只有把人工更新和天然更新两者有机地结合起来，才能有效地恢复地带性顶极植被类型。对人工林应分别不同

的林分发育阶段，施行与栽针同步的留阔、引阔和选阔，实行连续的主动择优和再组织过程，最终形成结构合理、稳定高产的针阔混交林。

### （一）区分人工兴安落叶松林属于哪个阶段

分清阶段的主要目的是确定是留阔、引阔或选阔。人工林演替分为三个阶段，发生阶段、过渡阶段和演替阶段。发生阶段是次生林的先锋期，包括采伐迹地在内的各类次生裸地。此时的经营原则为栽针留阔，保留一切阔叶树，以利于森林群落环境的迅速形成。过渡阶段，群落环境基本形成，主要受生物选择所支配，种间相互竞争与适应能力受各种群的生态适应对策所制约。中间类型的对策种逐渐进入群落，在缺乏珍贵阔叶树种种源的地段须进行引阔。特别是在人工针叶纯林形成高度郁闭时，应通过行状或带状间伐"引进"珍贵阔叶树。演替阶段，群落中各种群进入激烈竞争时期，群落生态选择占支配地位。有的群落已成为复层林（可能上层是软阔叶树种占优势）。重要原则在于选阔，通过间伐保留珍贵阔叶树种，增强其选择适应能力，同时为针叶树迅速进入上层林冠创造条件。

### （二）立地类型

分析立地类型，才能确定其土壤性质、适宜的树种及合理的经营技术。虽然没有在标准地进行土壤剖面调查，但据当地现场调查，并结合对东北森林立地的划分，此调查地立地类型属于谷地中层潜育土，其土壤属于中层潜育暗棕壤，其原始林型为云冷杉红松林、云冷杉林。适宜种植的针叶树有落叶松和云杉。该立地类型的森林在经营时，要注意排水改良，改良后其潜在的生产力是较高的。

### （三）林种

由于东折棱河林场已被划为自然保护区，兴安落叶松林处于谷地，且附近有河流，基于保持水土的考虑，宜营造成防护林。

### （四）混交技术

根据物种多样性研究可以看出，人工林兴安落叶松林内自然更新的阔叶树主要有水曲柳、黄集和春榆，还有强阳性树种桦木类的黑桦、白桦和枫桦。在保护区内，与兴安落叶松混交效果较好的树种分别是水曲柳、黄波罗、色木槭和春榆等，而且这些树种经济价值较高。选择混交树种时不选择桦木类，一是桦木经济价值不高，二是它们的喜光性太强，与同样是强阳性的兴安落叶松竞争过于激烈，桦树枝条对落叶松下部嫩枝发育有明显的机械损伤，种间矛盾不易调和。

另外，具体的针阔混交比例，由于缺少实验数据及土壤的调查，很难下定论。目前，通过研究得知，针阔 1∶1 的比例是可行的，而且也具有一定的物种优势性。

### （五）林分结构

由于为混交林，造林时要充分考虑到树种之间的关系，避免生物学、生态学特性上的冲突。如兴安落叶松特别不耐顶部庇荫，应栽在林隙下；核桃楸、黄檗极不耐阴，无法在林冠下更新，同时考虑到它有比较强的抗火性，建议栽在林缘；紫椴稍能耐侧方庇荫，而色木槭喜侧方庇荫，在林内能与其他树种混生构成第二林层。栽植时可以通过交错种植、采用不同苗龄的苗木等一些措施来尽可能满足各个树种的特性。

同时，由于小兴安岭较易发生火灾，如果能通过建立适合的林分结构来加强其自身的生物防火能力，实在是一举两得。利用阔叶林带分隔针叶林或用阔叶树种形成下层能提高林分的抗火性。由阔叶树种组成的第二林层（如椴树、色木槭）或稠密的下木层，在降低火灾强度方面起到很大作用。可选择在林缘和林道旁建阔叶林带。

### （六）抚育间伐

异龄林不能确定统一的间伐年龄，其采伐强度、采伐木的选择和间隔期要综合经营目的、运输劳力、小径材销路等经济条件和树种特性、林分密度、年龄、立地条件等生物因素一起考虑。一般要在测定林分生长和林分各种变量（平均胸径、平均高、树冠直径、林龄、立地条件等）之间在时间、空间上的变化规律后，才能确定。

### （七）更新方式

为促进兴安落叶松这一喜光树种的更新，可以选择小面积的群状择伐，根据伐后的针阔比例再确定补植何种树种。谷地兴安落叶松林生态系统是许多动物、鸟类的栖息地及活动的森林廊道，也有利于形成谷地生物多样性。

## 四、对经营模式的建议

我国自然保护区内资源的利用是解决保护区经费短缺问题的途径之一。在东北林区，自然保护区内人工林经营是主要的创收方式，但经营必须是在不破坏生物多样性和生态功能以及保护区整体经管的条件下进行，因此，采取有效经营方式恢复其原有的生物多样性天然化模式是十分必要的。同时，自然保护区人工落叶松林经营规划必须依照国家相关法律的规定，在科学研究和论证的前提下进行，而且注重生态效益的动态监测，实现保护区资源的可持续利用。

# 第四节　西北干旱半干旱地区的植被恢复

## 一、干旱区退化生态系统恢复途径

我国西北干旱半干旱地区有大面积的森林和荒漠植被，由于历史原因和经营管理不当，都受到不同程度的破坏，质量下降，数量减少，出现大量的退化生态系统。在实施天然林资源保护工程的同时，这些退化生态系统如何恢复？采取什么途径来恢复？恢复到什么程度？衡量的指标和标准是什么？这些都需要做具体的分析。西北地区生态环境的保护和建设决不能和经济发展割裂开来，必须同步考虑，同步实施和同步发展。因为没有经济的支持，西北的自然资源无法得到良好的保护，反过来恶化的环境条件又会进一步影响当地经济的发展和当地居民的脱贫致富。

关于退化生态系统恢复重建问题，国际恢复生态学会认为退化生态系统的恢复就是模拟某一特定生态系统的结构、功能、多样性及其动态特征等，通过人为干扰建立一个原始的、过去曾经有过的生态系统。然而，要想确切地掌握某一地区原始存在的生态系统是什么，或在历史上如何发挥其功能几乎是不可能的，更不用说建立一个包括所有物种在内的，完全与本地区原始生态系统一样的群落了。恢复生态的目的在于保护某一地区地带性生态系统的生物多样性，以及该生态系统的结构与动态特征。生物多样性在生态系统中具有极其重要的地位，它既是生态系统的关键组成成分和结构表现形式，又是功能正常发挥的保障，也是生态系统存在和演化的动力。生物多样性的丧失和退化必将导致环境的退化，引起生态系统结构和功能的退化，形成退化生态系统。

被人类活动干扰或破坏的生态系统，其自然演替过程和动态平衡关系被打破，随之发生逆行或进展演替。然而，因干扰程度的不同，可能会出现不同的结果。我们希望把退化生态系统恢复到原生或接近原生的状态，有时根据需要也不得不把退化的生态系统恢复到与原来群落不同或一个全新的生态系统，其中包括很多原群落所不具有的特征。本节结合国外的研究进展和我国西北地区的具体情况提出生态系统恢复的四个基本途径：一是保护；二是恢复；三是重建；四是维持。

### （一）保护（conservation，"C"）

保护是对某一生态系统进行人为管理，使其避免进一步破坏和继续退化。"保护"一词可以对应英文的 conservation 和 protection。不但保护自然条件下的生态系统，维持其持续的进化和演替功能，而且包括对一些珍贵的物种和生态系统资源，进行迁地保护和离体保护。保护是伴随着生物多样性的锐减，全球环境质量下降和人们对自然资源意识的提高而备受重视。需要采取保护措施的对象是那些完全没有受到破坏或者破坏较轻，原始植被没有发生根本改变的生态系统，也包括受到干扰，但所形成的群落相对稳定，自然演替速率很慢的生态系统。保护的方法和途径都是我们比较熟悉的，比如对一般的天然林通常采取封山育林、禁伐禁猎的措施；对于具有特殊意义的天然林采取建立保护区的措施，进行科学和有效的管理。自然保护区都是具有典型特性的生态系统，在天然林资源保护中具有十分重要的作用。实施保护途径的天然林，不需要过多的人为措施，尤其是对那些生态脆弱地区的植被，不进行人为干扰就是最好的措施，过分强调人工措施反而会加重生境的破坏。

### （二）恢复（restoration，"R"）

恢复是人们主动地改变某一立地环境，建立起具有地带性的原生生态系统的恢复途径。其目的在于模拟这些原生的特定生态系统的结构、功能、多样性和动态。然而，人们又很难确定原生生态系统的具体特征，所以就更谈不上原来的地带性群落了。为此恢复也可以是修复被破坏的或功能受阻的生态系统，提高生产力，为当地人造福，把地带性生态系统的结构和功能作为原理模型来效仿，重新创造一个自我维持生态系统，这个生态系统以动植物群落的进展演替为主要特征，并且具有在自然或中度人为干扰作用下，达到自我修复的能力，使生态系统重新返回到其曾经拥有过的营养物质循环和能量流动的轨道上。恢复可以是直接地、完全地返回到地带性的原生生态系统；也可以是停留在多种可选稳定状态的某一种，或是生态系统长期目标的某种中间稳定状态。

关于退化生态系统的恢复，一种观点认为恢复某一退化的生态系统就应该恢复到该系统所具有的地带性的原始状态，但事实上，这往往是不实际的。某些退化的生态系统由于退化相当严重，没有人知晓地带性原生状态是什么样；即使知道，要恢复到原生状态需要惊人的投入，这在实际中不一定有意义。有些情况下，根本不可能完全恢复到系统所具有的原生状态。故此，我们主张，可把恢复定位在修复被破坏的或功能受阻的生态功能和特征上，目的是迅速地、持久地提高生产力，强调一种高水平的、持续的立地经营管理活动；恢复不一定要达到系统所具有的原始状态，只要恢复到某一个中间比较稳定的状态即可。对于退化生态系统就应进行比较详细的分析，在我国目前状况下，除了一些特殊环境条件和保护区外，绝大多数天然林都是受到不同程度破坏的退化生态系统，恢复这些天然林是目前最主要也是最迫切的任务。

## （三）重建（reallocation，"A"）

重建途径是在生态系统经历了各种退化阶段，或者超越了一个或多个不可逆阈值时所采取的一种恢复途径。与恢复和保护相比，重建要求持久的人为经营管理与连续不断的能量、物质和水分、养分供给。对于退化较严重的生态系统尤其是自然植被已不复存在或林下土壤条件也发生根本改变的地区，应该采取重建的途径。重建的生态系统可以与原来的自然植被有很大差别，可以从追求经济效益的目的出发，发展生长快、效益高、集约强度大的生态系统。

现实的生态系统都是其漫长的历史演化过程中的一个阶段，植被经过长期的环境选择和演替过程，出现一些与当地气候和土壤条件相适应并相对稳定的生态系统。然而，这个稳定平衡一旦被打破，比如出现较严重的水土流失、多样性丧失、食物链中断、土壤理化性质改变和肥力下降等现象时，原来的植被与其周围环境的平衡关系将不复存在。这时要想再现原生状态是极其困难的，必须选择新的植被类型以适应新的变化了的环境条件，重新构筑与现实生态状况相协调的生态系统结构，而不一定追求与原生状态相一致的恢复方式。应该说重建的生态系统可以是高效的，因为它与改变了的生境相适应。

## （四）维持（preservation，"P"）

生态系统的退化是生物群落随环境质量的变化而发生的逆行演替结果，使系统结构由复杂到简单、系统功能由强变弱的、从量变到质变的过程。生物群落的退化首先是建群种的衰退，然后是伴生种和动物的消失，地下与植物互惠共生微生物群落的瓦解，食物链和营养循环受阻。然后，土壤环境和水环境也随之衰退。经过长时间强烈的自然扰动和人为破坏的地方，生态系统失去自我调节能力，最终崩溃，环境退化到原生裸地状态，丧失了原有的生命支持力。在这种立地条件下，植被的恢复与重建将是极其困难的，甚至是不可能的，如裸岩、沼泽地、土层瘠薄的火烧迹地等。因此，在植被恢复与重建过程中，一定要因地制宜，宜林则林、宜草则草、宜荒则荒。不是所有的退化生态系统都需要进行恢复或重建，而只要停止一切人为干扰活动，让植被与群落自我维持、衍生与发展。让其主动与现实生存环境相适应，并自主改善生境质量。

## 二、退化生态系统恢复的指标体系

### （一）生物多样性指标

生物多样性状况是衡量退化生态系统的最重要的指标。生物多样性概念都是从三个相互独立属性提出的：①组成水平。单元的统一性和变异性；②结构水平。物理组织或单元的格局；③功能水平。生态和进化过程。生物多样性是一个等级系统，其基本规律是低级单位过渡到高级单位时，会出现一些前一单位所不具备的性质。比如说，生态群落所具有的特性是种群和其他更小单位所不具备的。种群、种和生态系统分别是基因、分类和生态多样性的基本单位。生物多样性随生态系统的退化而减少，这种减少不但要从物种的多样性考虑，更要从整个分类系统、生态类型和遗传多样性等层次上进行分析。一个退化的生态系统可能会出现物种数量增加的现象，但不会在所有层次上都出现这种现象。在应用多样性指标确定生态系统退化程度和恢复途径时，必须全面考虑组成、结构和功能水平。比如一个生态系统虽然物种多样性减少了，但整个分类系统多样性和生态过程多样性仍然很高的话，就要采取适当的保护措施。反之，如果不但物种多样性减少，而且分类系统和生态过程都发生了严重的退化，就要采取重建的措施。

在应用上述指标时，可以具体调查下列生物多样性参数：多年生植物物种的丰富度和一年生植物的丰富度等，多年生植物和一年生植物丰富度说明生态系统演替及退化过程中不同阶段的结构差异，多年生植物在处于相对稳定的陆生或水生生态系统中起主要作用等。长期受干扰的生态系统中一些多年生植物常常大量繁衍，植物总盖度和地上植物生物量也是关键生态系统指标，是多年生植物丰富度和一年生植物丰富度的综合因子。在干旱半干旱地区，植物群落多样性与群落物种组成变化呈正相关关系，生活型谱是生态系统结构与功能的另一个指示性参数，就 β - 多样性指数而言，一个生态系统生活型谱幅度常随该生态系统的退化而降低。

### （二）生态关键种指标

生态系统中的关键种，对整个生态系统起着控制性作用，它们或者控制着群落的结构和功能，影响着群落中其他物种的种类和数量，或者对生态环境产生较大影响。生态关键种可以看作是在生态系统内部，对其他多数生物的种类、数量或生态环境产生较大影响的物种。这些物种，既可能是动物、植物、微生物，或者是活动于其中的人。对于森林生态系统中的生态关键种，可以从两方面来确定：①通过自身的活动影响或数量的增减，对构成生态系统中物质与能量流动的食物网组成和结构产生较大影响，也就是能够对食物网中诸多消费者和生产者种类、数量及生存产生较大影响的生物成分；②在生态系统中发挥重要生态功能的生物物种，以及一些对维持生态环境有着特殊功能的物种。

关键种就是对生态系统结构与功能非常关键的物种，这个概念非常适用于恢复生态学。通过引种或增加关键种的密度，如必要的话可降低其他非关键种的重要性，有助于重新定位退化生态系统退化的轨道。一个生态系统的生态关键种急剧减少或者消失，就是退化明显的生态系统，如果关键种的种源还存在、土壤等基本生存条件还有保障，那么这个退化生态系统就具有较强的恢复潜力。合则，如果原群落关键种的种源已经灭绝、土壤质量严重下降或明显改变，这个退化生态系统就难以恢复，应根据具体情况采取保护或重建途径。对于关键种，我们重视关键种中的种子库动态，因为它代表了关键种恢复的潜力和趋势；同时还要注意微生物生物量和土壤生物类群多样性，尤其土壤生物多样性，它们对干旱与半干旱生态系统及其他陆地生态系统的植物具有非常重要的影响。

在具体应用这个指标时，我们强调，凡关键种未受干扰的生态系统都应采取保护措施，凡是关键种退化的生态系统都应采取恢复措施，凡是关键种破坏的生态系统都应采取重建措施，凡是关键种灭绝的生态系统都应采取维持措施。

### （三）生态系统环境建设指标

还有一类对群落组织和重建具有重要作用的物种，我们暂且称其为"生态系统环境建设者"，与生态关键种有一定的相似之处，但又不完全相同。生态系统环境建设者通过造成生物或非生物材料的物理状态变化，直接或间接地控制其他有机体资源可利用性。有机体所进行的环境建设则是物理改变、维持、生境的创建等。该生物之所以对其他物种发生生态作用，是通过物理状态的改变，直接或间接地控制其他物种的资源利用。生态系统环境建设者是一种生物有机体间的正相互作用，它与营养关系和竞争作用不同。比如一株树木在生长的同时，它的枝、皮、根，活的和死的有机体表面能够为其他物种造成遮荫、提供栖居条件和生存空间，而这些受益物种未从树木上获取任何营养，这就是环境建设。很多关键种是生态系统环境建设者，但也有大量的关键种，比如生态系统食物链中的大型食肉动物和大量的微生物属于关键种，因为它们通过取食和被食关系维持生态系统的稳定与平衡，但不是通过物理环境的改变来控制生态系统。

对于环境条件相对较恶劣的生态系统，尤其是在没有植被或过去曾经有过，但已完全消失的生境条件下，急需有环境建设作用的物种改变其周围的物理环境，这样才能考虑保护或恢复某一退化的生态系统。也就是说首先需要重建，而且是包括改变生物生活和生长条件的重建，这时如果不改变环境的抵抗性，创造群落生活的必要条件，重建是不可能的。在我国西北干旱贫瘠沙地条件下，可栽植胡杨、沙冬青和骆驼刺等蒸发量小、失水少、根系深、固沙能力强的植物，它们能够起到改变周围物理环境的作用。反之，如果我们栽植杨树、松树等耗水量大的树种，不但它们难以成活，即使成活了也常常耗费大量的地下水，导致水位下降，影响了其他植物、作物生长的同时，更会威胁当地居民的生活用水，所以它们不是生态系统环境建设者，不应该在戈壁沙丘条件下发展。

这个指标主要是针对重建和维持途径提出的，没有生态系统环境建设者的参与，就不能进行生态重建，只能维持。

# 参考文献

[1]丁胜，杨加猛.林业政策学[M].南京：东南大学出版社，2019.

[2]柯水发，李红勋.林业绿色经济理论与实践[M].北京：人民日报出版社，2019.

[3]潘存德，崔卫东.新疆林木种质资源[M].兰州：甘肃科学技术出版社，2019.

[4]张斌才，朱延平.测绘科技应用丛书自然资源审计方法及实务[M].北京：测绘出版社，2019.

[5]胡建忠.三北地区沙棘工业原料林资源建设与开发利用[M].北京：中国环境出版集团，2019.

[6]郝凯，尚会英.中国农林产业及木材海外资源获取与风险控制[M].北京：知识产权出版社，2019.

[7]吴金卓，孔琳琳.小兴安岭低质林改造[M].哈尔滨：东北林业大学出版社，2019.

[8]马玲，河荣荣.森林有害生物种群生态学[M].哈尔滨：东北林业大学出版社，2019.

[9]宋墩福.现代林业技术[M].北京：中国商业出版社，2018.

[10]李明阳.林业GIS[M].北京：中国林业出版社，2018.

[11]李世东.智慧林业决策部署[M].北京：中国林业出版社，2018.

[12]白涛.林业基础知识教程[M].武汉：华中科技大学出版社，2018.

[13]王海帆.现代林业理论与管理[M].成都：电子科技大学出版社，2018.

[14]林健.林业产业化与技术推广[M].延吉：延边大学出版社，2018.

[15]慕宗昭.林业工程项目环境保护管理实务[M].北京：中国环境出版社，2018.

[16]张子翼，胡宗华.云南森林资源[M].昆明：云南科技出版社，2018.

[17]王海英.林下经济资源利用[M].哈尔滨：东北林业大学出版社，2017.

[18]白晓雷，王月华.农林业发展与食品安全[M].长春：吉林人民出版社，2017.

[19]陈植.海南岛资源之开发[M].海口：海南出版社，2017.

[20]张卉.生态文明视角下的自然资源管理制度改革研究[M].北京：中国经济出版社，2017.

[21]耿玉德.现代林业企业管理学[M].哈尔滨：东北林业大学出版社，2016.

[22]段新芳.中国林业循环经济发展研究[M].北京：中国建材工业出版社，2016.

[23]廖文梅，孔凡斌.林业市场改革、林业经济增长与集体林地经营问题研究[M].北京：中国环境科学出版社，2016.